普通高等教育应用型本科创新教材

Experiment and Practice of
Digital Topographic Survey

数字地形测量实验实习教程

主　编　余正昊　范玉红
副主编　李　甜

人民交通出版社股份有限公司
China Communications Press Co.,Ltd.

内 容 提 要

数字地形测量是测绘工程专业的一门专业基础课程，实操是其极为重要的教学环节。本书针对数字地形测量教学过程中必需的实验和实习教学环节，设计了17个典型实验，并详细论述了实验及数字地形测量实习环节所涉及的理论方法和步骤。

本书可作为高等学校测绘工程及其他相关专业的本专科生的实验与实习教程，也可供从事测绘、工程建设等领域的科研和专业技术人员参考。

图书在版编目(CIP)数据

数字地形测量实验实习教程 / 余正昊，范玉红主编
. — 北京 : 人民交通出版社股份有限公司，2019.3
ISBN 978-7-114-15138-5

Ⅰ. ①数… Ⅱ. ①余… ②范… Ⅲ. ①数字技术—应用—地形测量学—教材 Ⅳ. ①P21-39

中国版本图书馆 CIP 数据核字(2018)第253923号

书　　名：数字地形测量实验实习教程
著 作 者：余正昊　范玉红
责任编辑：王　霞　李　娜
责任校对：刘　芹
责任印制：张　凯
出版发行：人民交通出版社股份有限公司
地　　址：(100011)北京市朝阳区安定门外外馆斜街3号
网　　址：http://www.ccpress.com.cn
销售电话：(010)59757973
总 经 销：人民交通出版社股份有限公司发行部
经　　销：各地新华书店
印　　刷：北京虎彩文化传播有限公司
开　　本：787×1092　1/16
印　　张：9
字　　数：171千
版　　次：2019年3月　第1版
印　　次：2019年3月　第1次印刷
书　　号：ISBN 978-7-114-15138-5
定　　价：28.00元

前　言

《数字地形测量实验实习教程》是在山东交通学院测绘工程专业多年实践教学的基础上编写而成。本书所列的各项实验是针对随堂实验所开设的，实习是针对集中实习实践环节而编写的，目的是为了培养学生掌握基本的测绘技能，增强学生的实际操作能力。

全书分为二大章，第一章为数字地形测量实验实习的一般要求，对实验与实习的相关规定、测量仪器的使用规则、测量数据记录与计算规则进行了详细说明；第二章为数字地形测量实验，分为仪器的认识与操作、基本测量方法与数据处理、常规测量仪器的检验与校正三部分，共设计了17个典型实验，每个实验都有明确的实验技能目标、实验设备与工具、实验的方法与步骤、注意事项与上交资料等说明，有助于学生自主完成相关实验，培养学生分析和解决问题的能力；第三章是数字地形测量综合实习，包括数字地形测量实习的准备工作、控制测量、碎部测量、实习报告和考核等内容，按照实际工程的模式来进行设计，以提高学生运用所学知识解决数字地形实际问题的能力。

本书使用对象为测绘工程专业本科生，其他开设本课程的专业可根据需要选做相关的实验和实习项目。本书第一章由余正昊老师和李甜老师共同编写，第二章和第三章由范玉红老师和余正昊老师共同编写。

由于编者水平有限，书中疏漏和错误之处在所难免，恳请读者批评指正。

编　者

2018年4月

目　　录

第一章　数字地形测量实验实习的一般要求 …… 1
第一节　实验与实习目的及有关规定 …… 1
第二节　测量仪器的使用规则 …… 2
第三节　测量数据记录与计算规则 …… 4
第二章　数字地形测量实验 …… 5
第一节　仪器的认识与操作 …… 5
第二节　基本测量方法与数据处理 …… 29
第三节　常规测量仪器的检验与校正 …… 67
第三章　数字地形测量综合实习 …… 91
第一节　数字地形测量实习的准备工作 …… 91
第二节　控制测量 …… 93
第三节　碎部测量 …… 102
第四节　实习报告和考核 …… 105
附录 A　Trimble DINI 型电子水准仪使用简介 …… 107
附录 B　宾得 R-202NE 使用简介 …… 114
附录 C　CASS 9.0 使用简介 …… 122
参考文献 …… 136

第一章　数字地形测量实验实习的一般要求

第一节　实验与实习目的及有关规定

一、实验与实习的目的及意义

数字地形测量学(数字测图)是一门实践性较强的专业基础课程,在整个教学过程中,实践环节占有非常重要的教学地位,是理论联系实际和进行工程实践基本训练所不可缺少的教学环节,是让学生获得感性认识、培养动手能力和解决工程实际问题能力的最有效的方法。它包括课时内的实验课程和集中实习环节。

本课程目的是巩固和加深学生所学的数字测图理论知识。通过实验,进一步认识测量仪器的构造和性能,掌握测量仪器的使用方法、操作步骤和检验校正的方法。同时学生通过亲手操作,包括对观测数据的记录、计算及处理,掌握数字测图的基本过程和基本方法。培养学生在地形测量工作中的设计、组织、安排、总结等方面的能力,提高其根据所学知识独立分析和解决地形测量实际问题的能力,加深其理解,并使其掌握地形测量的基本知识、基本理论和基本技能。培养学生吃苦耐劳和团结协作的精神,培养良好的专业品质和职业道德,增强个人工作的责任感,使学生有良好的科学态度。

二、实验与实习有关要求规定

数字地形测量无论是实验还是实习,都要用到许多专业测量仪器,以专业的实验实习步骤和流程来进行操作,所以在进行实验实习时,要严格按照指导教师的要求和相关的规定进行,否则有可能危害到仪器设备乃至人身安全。这些要求与规定包括:

(1)在进行实验或实习前,应认真复习教材中的有关内容,认真仔细地预习实验或实习指导书,明确目的、要求、方法步骤及注意事项,以保证按时完成实验和实习任务。

(2)实验或实习分小组进行,组长负责组织和协调实习工作。实习中,各组组长应合理安排小组工作,使每一项工作都由小组成员轮流完成,使每人都有练习的机会。实验或实习过程中应加强团结,小组内、各组之间、各班级之间都应团结协作,以保证实践任务的顺利完成。

(3)实验或实习期间,要特别注意仪器的安全。小组间不得擅自调换或转借仪器。每次出工与收工,组长都要负责按仪器清单清点仪器和工具数量,检查仪器和工具是否完好无损,发现问题要及时向指导教师报告,同时要查明原因,根据情节轻重,给予适当赔偿和处理。

(4)严格遵守实验或实习纪律。实验或实习应在规定时间内进行,不得无故缺席或迟到早退,不得擅自改变地点或离开现场。实验或实习过程中,不得嬉戏打闹和玩游戏,不看与实习无关的书籍或报纸。事假、病假应提前报告,并经指导教师同意。

(5)实验或实习结束时,应提交书写工整、规范的实验报告和实习记录,经指导教师审阅同意后,才可交还仪器,结束实验或实习工作。

(6)测量中要遵循基本的测量原则,"从整体到局部、先控制后碎部、由高级到低级",并做到步步检核。这样做不但可以防止误差的积累,及时发现错误,还可以提高测量的效率。

第二节 测量仪器的使用规则

一、测量仪器使用的一般规定

测量仪器通常都是精密的光学、电子甚至是光、机、电一体化贵重设备。对仪器的正确使用、精心爱护和科学保养,是测量人员必须具备的素质,也是保证测量成果的质量、提高工作效率的必要条件。在使用测量仪器时应养成良好的工作习惯,严格遵守下列规则:

1. 仪器的开箱和装箱

(1)严禁托在手上或抱在怀里开箱,以免将仪器摔坏。仪器开箱后在未取出仪器前,应记下仪器安放在仪器箱中的位置和方向,以免装箱时因安放不正确而损伤仪器。

(2)不论何种仪器,在取出前一定先松开制动螺旋,以免取出仪器时因强行扭转而损坏微动装置,甚至损坏轴系。仪器取出后,应关好箱盖。无论箱中是否有仪器,仪器箱上均不得坐人。

(3)自箱内取出仪器时,应一手握住照准部支架,另一手扶住基座部分,轻拿轻放,不要一只手抓取仪器。

(4)从三脚架取下仪器时,先松开各轴系制动螺旋,一手握住仪器基座或支架,一手松开连接螺旋,双手从脚架上取下装箱。

(5)按照仪器安放在仪器箱中的位置和方向,进行装箱。在箱内将仪器正确就位后,拧紧各制动螺旋,关箱扣紧。

2. 仪器的安装

(1)安置仪器时,三脚架必须稳固可靠,三脚架的三条架腿抽出后要拧紧固定螺旋,注意不要太过用力而造成螺旋滑丝,防止因螺旋未拧紧使脚架自行收缩而摔坏仪器,三条架腿拉出的长度要适中,以便于调整。

(2)架设三脚架时,三条架腿分开的跨度要适中,并得太拢容易被碰倒,分得太开容易滑开,造成事故。若在斜坡地面上架设仪器,应使两条架腿在坡下,一条架腿在坡上,这样架设比较稳定。在光滑地面上架设仪器,要用绳子拴住三根架腿,防止脚架滑动,摔坏仪器。

(3)从仪器箱中取出仪器后,应双手将仪器放到三脚架上。一手握住仪器,一手立即旋紧仪器和脚架间的连接螺旋,防止因忘记拧上连接螺旋或拧得不紧而摔坏仪器。

3. 仪器的使用

(1)仪器安装在三脚架上之后,无论是否观测,仪器旁必须有人值守看护。

(2)在阳光下观测必须撑伞,雨天应禁止观测。对于电子测量仪器,在任何情况下均应撑伞防护。

(3)仪器镜头上的灰尘、污痕,只能用软毛刷和镜头纸轻轻擦去,不能用手指或其他物品擦拭,以免磨坏镜面。

(4)旋转仪器各部分螺旋要松紧适度。制动螺旋不要拧得太紧,微动螺旋不要旋转至尽头。微动螺旋和脚螺旋尽量使用旋程中段,松紧要调节适当,用力要轻、慢,受阻时要查明原因,不得强行旋转。

(5)操作仪器时,要均匀用力,用力过大或动作太猛都会造成仪器的损伤。

(6)在进行外业测量时,仪器因受温度、湿度、灰沙、震动等影响以及操作的不当,容易产生故障。引起仪器产生故障的原因是多方面的,发现仪器出现故障时,应立即停止使用,查明原因,送检修部门进行维修,不能勉强使用,以免加剧损坏程度,绝对禁止擅自拆卸。

4. 仪器的迁站

(1)长距离迁站或通过行走不便的地区时,应将仪器装入箱内搬迁,搬迁时切勿跑步,以防止摔坏仪器。

(2)在短距离且平坦地区迁站时,可先将脚架收拢,然后一手抱脚架,一手扶仪器,保持仪器接近直立状态搬迁,严禁将仪器横扛在肩上迁移。

(3)每次迁站都要清点所有仪器、附件、器材,防止丢失。

二、测量仪器使用的注意事项

(1)领取仪器时应当场清点检查,有问题应立即反映给实验室老师或指导老师。检查内容包括:脚架和仪器是否相配;脚架各部分是否完好;测量仪器各部分是否正常。如有缺损,可以报告实验室管理员予以补领或更换。

(2)携带仪器前,注意检查仪器箱是否扣紧、锁好,拉手和背带是否牢固。

(3)开箱时,应将仪器箱平稳放置。开箱后,记清仪器在箱内安放的位置,以便用后按原样放回。取仪器时,应双手握住支架或基座轻轻取出,放在三脚架上,保持一手握住仪器,一手拧紧连接螺旋,使仪器与三脚架牢固连接。仪器取出后,应关好仪器箱,严禁箱上坐人。

(4)仪器旁必须有人看守。使用时应撑伞防止仪器日晒雨淋。受潮的仪器要设法吹干,在未干燥前不得装箱。

(5)各制动螺旋勿拧过紧,以免损伤,各微动螺旋勿旋转至尽头,防止失灵。

(6)仪器装箱时应松开各制动螺旋,轻合箱盖,确认放妥后,拧紧各制动螺旋,防止运输过程中仪器在箱内因活动而受损,然后再关箱上锁,不得使用蛮力合箱盖。

(7)水准尺、棱镜杆不准用作担抬工具。立尺时要用双手扶好,严禁脱开双手。在观测间隙中,不得将尺子随便往树上、墙上立靠,应水平放置在地面上。注意不要让地面碎石等尖锐物体磨伤尺面,更不能坐在尺子上。水准尺从尺垫上取下后,要防止底面黏上沙土影响测量精度。

(8)使用钢尺时,应防止扭曲、打结和折断,防止行人踩踏和车辆碾压。前进时,应将尺身离地提起,不得在地面上拖行,损坏尺面刻度。钢尺用完应擦净、涂油以防生锈。

(9)注意避免触摸仪器的目镜、物镜、反光镜和棱镜,以免玷污镜头镜面,影响成像质量。

绝对不允许用手指和手帕擦拭仪器的目镜、物镜等光学部分。电池、电缆线插头、数据线插头，插拔时用力不能太大，不能左右旋转摇摆插拔，以免折断。

(10)小件工具如垂球、测钎、尺垫等，用完即收，防止遗失。

第三节 测量数据记录与计算规则

测量记录是外业观测成果的记载和内业数据处理的依据，在测量记录或计算时必须严肃认真，一丝不苟。为保证测量数据的可靠，应养成良好的职业习惯，严格遵守下列规则：

(1)观测所得各项数据的记录必须直接填写在规定的表格上，不得转抄，不得用零散纸张记录再行转抄，更不得伪造数据。

(2)在测量记录之前，准备好硬芯(2H 或 3H)铅笔，同时熟悉记录表上各项内容及填写、计算方法。

(3)记录观测数据之前，应将记录表头的仪器型号、日期、天气、测站、观测者及记录者姓名等无一遗漏地填写齐全。

(4)观测者读数后，记录者应随即在测量记录表上的相应栏内填写，并复读回报以作检核。

(5)记录时要求字体端正清晰，字体的大小一般占格宽的1/2，留出空隙以便错误更正。数位对齐，数字对齐。字脚靠近底线，表示精度或占位的“0”(例如水准尺读数0816，度盘读数93°04′00″)均不可省略。

(6)观测数据的尾数不得更改，读错或记错后必须重测重记。例如：角度测量时，秒级数字出错，应重测该测回；水准测量时，毫米级数字出错，应重测该测站；钢尺量距时，毫米级数字出错，应重测该尺段。

(7)观测数据的前几位若出错时，应用细横线划去错误的数字，并在原数字上方写出正确的数字。注意不得涂擦已记录的数据，不得就字改字。禁止连环更改数字，例如：水准测量中的黑、红面读数，角度测量中的盘左、盘右，距离丈量中的往、返量等，均不能同时更改，否则应重测。

(8)记录数据修改后或观测成果废去后，都应在备注栏内写明原因(如测错、记错或超限等)。

(9)每站观测结束后，必须在现场完成规定的计算和检核，确认无误后方可迁站。

(10)数据运算应根据所取位数，按“4 舍 6 入，5 前奇进偶出”的规则进行凑整。

(11)应该保持测量记录的整洁，严禁在记录表上书写无关内容，更不得丢失记录表。

第二章　数字地形测量实验

第一节　仪器的认识与操作

实验一　水准仪的认识

一、技能目标

（1）认识水准仪的基本构造，各操作部件的名称和作用，并熟悉使用方法。
（2）掌握水准仪的安置、瞄准和读数方法。

二、仪器与工具

（1）由仪器室借领：DS3 水准仪 1 台、水准尺 1 根、记录板 1 块、测伞 1 把。
（2）自备：铅笔、小刀、草稿纸。

三、实验方法与步骤

（1）指导教师讲解水准仪的构造及技术操作方法。
（2）安置和粗平水准仪。水准仪的安置主要是整平圆水准器，使仪器概略水平。做法如下：选好安置位置，将仪器用连接螺旋安紧在三脚架上，先踏实两脚架尖，摆动另一只脚架使圆水准器气泡概略居中，然后转动脚螺旋使气泡居中。转动脚螺旋使气泡居中的操作规律是：气泡需要向哪个方向移动，左手拇指就向哪个方向转动脚螺旋。如图 2-1a）所示，气泡偏离在 a 的位置，首先按箭头所指的方向同时转动脚螺旋①和②，使气泡移到 b 的位置，如图 2-1b）所示，再按箭头所指方向转动脚螺旋③，使气泡居中。

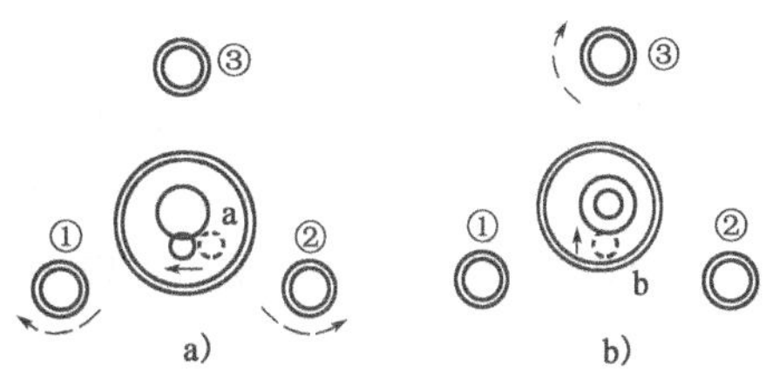

图　2-1

（3）用望远镜照准水准尺，并且消除视差。首先用望远镜对着明亮背景，转动目镜调焦螺旋，使十字丝清晰可见。然后松开制动螺旋，转动望远镜，利用镜筒上的准星和照门照准水准尺，旋紧制动螺旋。再转动物镜调焦螺旋，使尺像清晰。此时如果眼睛上、下晃动，十字丝交点总是指在标尺物像的一个固定位置，即无视差，如图 2-2b）所示。如果眼睛上、下晃动，十字丝横丝在标尺上错动就是有视差，说明标尺物像没有呈现在十字丝平面上，如图 2-2a）所示。若有视差将影响读数的准确性。消除视差时物镜调焦要仔细，以便使水准尺看得最清楚，这时如十字丝不清楚或出现重影，再旋转目镜调焦螺旋，直至完全消除视差为止,最后利用微动螺旋使十字丝精确照准水准尺。

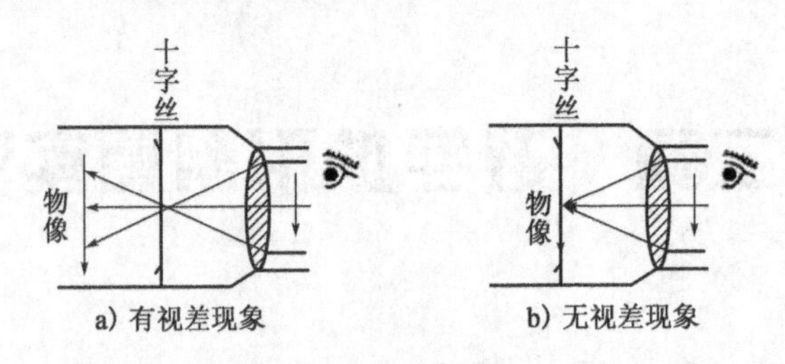

a) 有视差现象　b) 无视差现象

图 2-2

(4)精确整平水准仪转动微倾螺旋使管水准器的符合水准气泡两端的影像符合,如图 2-3 所示。转动微倾螺旋要稳重,慢慢地调节,避免气泡上下不停错动。

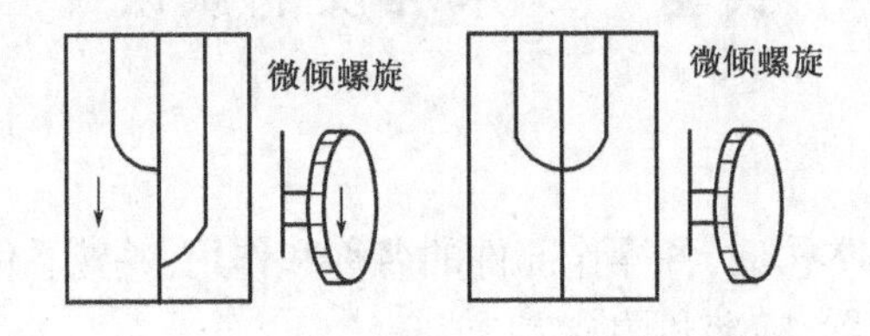

图 2-3

(5)读数。以十字丝横丝为准,读出水准尺上的数值。读数前,要对水准尺的分划和注记分析清楚,找出最小刻划单位,整分米、整厘米的分划及米数的注记不要读错。先估读毫米数,再读出米、分米、厘米数。要特别注意不要错读单位和发生漏 0 现象。读数后,应立即查看气泡是否仍然符合,否则应重新使气泡符合后再读数。

四、注意事项

(1)水准仪安置时应使脚架架头大致水平,脚架跨度不能太大或太小,避免摔坏仪器。

(2)安置仪器时应将仪器中心连接螺旋拧紧,防止仪器从脚架上脱落下来。

(3)水准仪为精密光学仪器,在使用中要按照操作规程作业,各个螺旋要正确使用。

(4)在读数前应注意消除视差。

(5)在读数前务必将水准器的符合水准气泡严格符合,读数后应复查气泡符合情况,发现气泡错开,应立即重新将气泡符合后再读数。

(6)转动各螺旋时要稳、轻、慢,不能用力太大。

(7)记录员听到观测员读数后必须向观测员回报,经观测员确认后方可记入手簿,以防因听错而记错。数据记录应字迹清晰,不得涂改。

(8)发现问题,及时向指导教师汇报,不能自行处理。

(9)水准尺必须要有人扶着,决不能立在墙边或靠在电杆上,以防摔坏水准尺;螺旋转到头要返转回来少许,切勿继续再转,以防脱扣。

(10)迁站时,仪器可不用装箱,但应保证仪器和脚架在搬动过程中呈竖直状态。

五、上交资料

每人交实验报告一份。

实验报告一　光学水准仪的认识

日期：　　　　班级：　　　　组别：　　　　姓名：　　　　学号：

1. 在下图引出的标线上标明仪器该部件的名称。

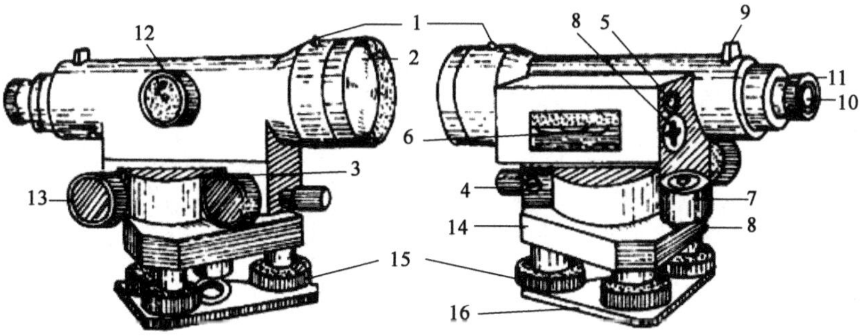

12 1 2 6 3 13 15 8 5 9 11 10 4 7 14 8 16

2. 用箭头标明如何转动三只脚螺旋，使下图所示的圆水准器气泡居中。

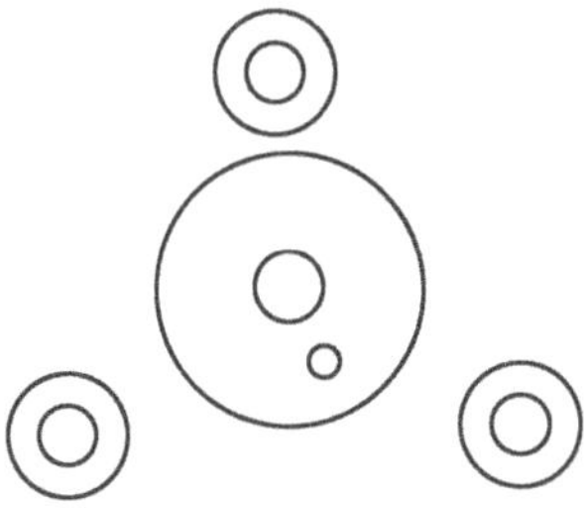

3. 对光消除视差的步骤是：转动________使________清晰，再转动________螺旋使________清晰。如发现________现象，说明存在________，则必须再转动________，直至________面和________面重合。

4. 用微倾式水准仪进行水准测量时，除了使________气泡居中外，读数前还必须转动________螺旋，使________气泡居中，才能读数。

若使下图气泡影像符合，请用箭头标出螺旋的转动方向。

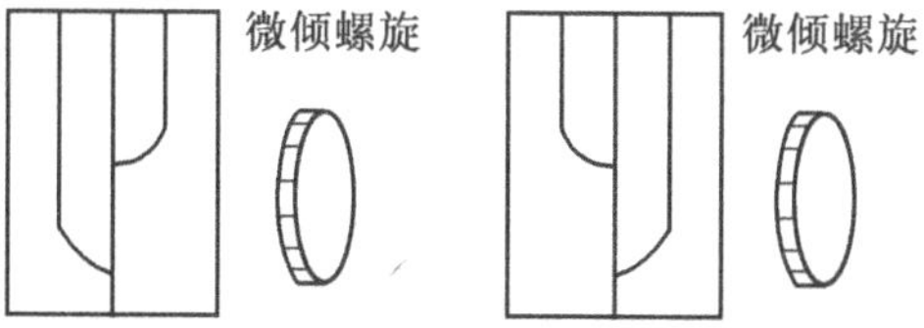

微倾螺旋　　微倾螺旋

实验二 电子水准仪的认识

一、技能目标

(1)认识电子水准仪的基本构造,各操作部件的名称和作用,并熟悉使用方法。

(2)掌握利用电子水准仪进行精密水准测量的基本原理和方法。

二、仪器与工具

(1)由仪器室借领:电子水准仪 1 台、条码尺 1 根、记录板 1 块、测伞 1 把。

(2)自备:铅笔、小刀、草稿纸。

三、实验方法与步骤

(1)手提电子水准仪把手,将仪器由箱中取出,安置在脚架上。

(2)在教师指导下,了解电子水准仪的测量原理(以 Trimble DINI 型电子水准仪为例),对照图 2-4a)、b)、c),熟悉 Trimble DINI 型电子水准仪各部分的构造名称、键盘作用,并练习使用。

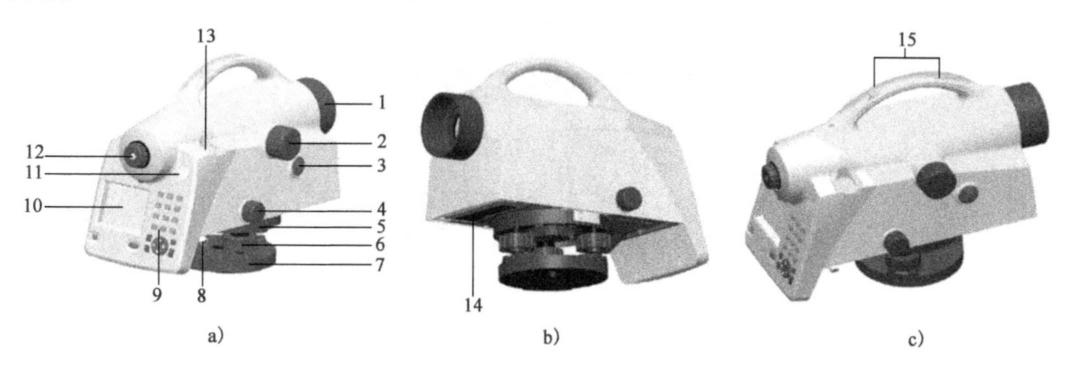

图 2-4

1-望远镜遮阳板;2-望远镜调焦螺旋;3-触发键;4-水平微调;5-刻度盘;6-脚螺旋;7-底座;8-电源/通信口;9-键盘;10-显示器;11-圆水准气泡;12-目镜(十字丝);13-圆水准气泡调节器;14-电池盒;15-瞄准器

(3)将仪器整平后,使用⏻开机,开机后几秒钟后仪器准备测量。

(4)新建项目:文件→项目管理→新建项目,在出现的对话框中输入项目名称和操作者。

(5)仪器配置。

①选择配置→输入(图 2-5),控制面板会出现输入对话框,如图 2-6 所示。

②选择配置→限差/测试,控制面板进入限差/测试对话框,如图 2-7 所示。

在测量过程中,如果测量结果超出所设置的限差,则仪器会发出提示信息。

③选择配置→仪器设置,控制面板进入仪器设置对话框,如图 2-8 所示。

④选择配置→记录设置,控制面板进入记录设置对话框,如图 2-9 所示。

图 2-5

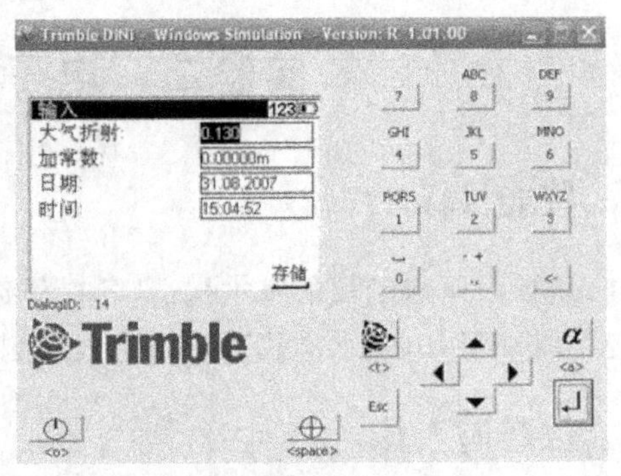

图 2-6

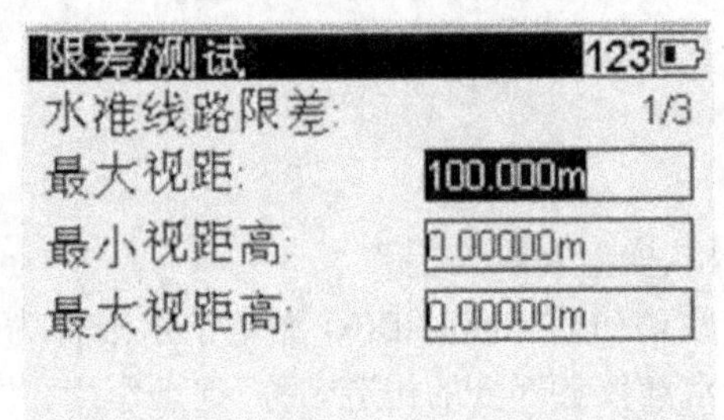

a)

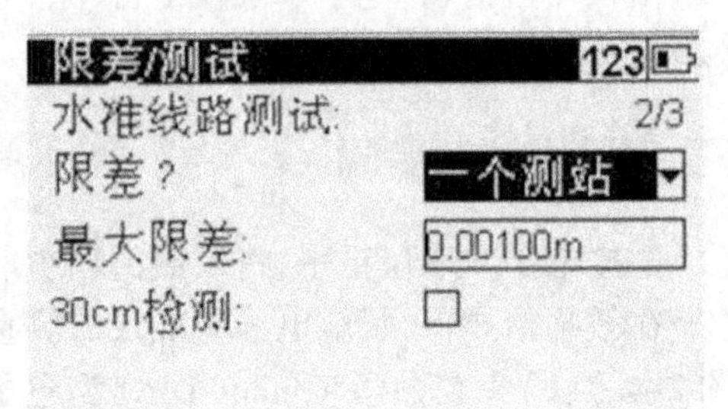

b)

限差/测试 123

水准线路测试: 3/3

最大距离限差

单站前后视距差 0.0m

水准线路前后视 0m

存储

c)

图 2-7

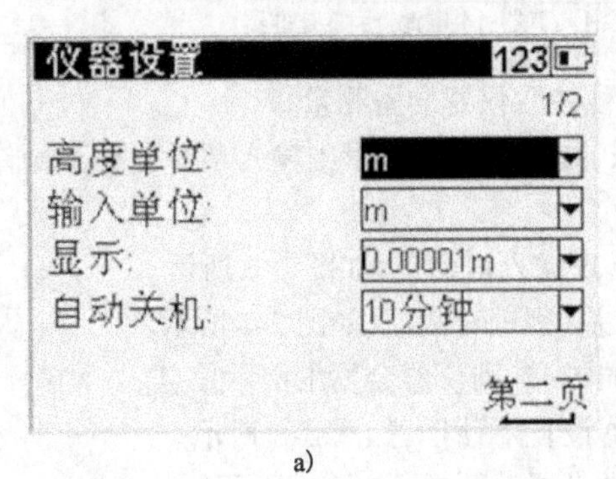

a)

仪器设置 123

2/2

声音:

语言: Chinese

日期: DD.MM.YY

时间: 24小时

存储

b)

图 2-8

记录设置 123
1/3
记录: ✓
数据记录: RMC
记录附加数据: 时间
第二页

a)

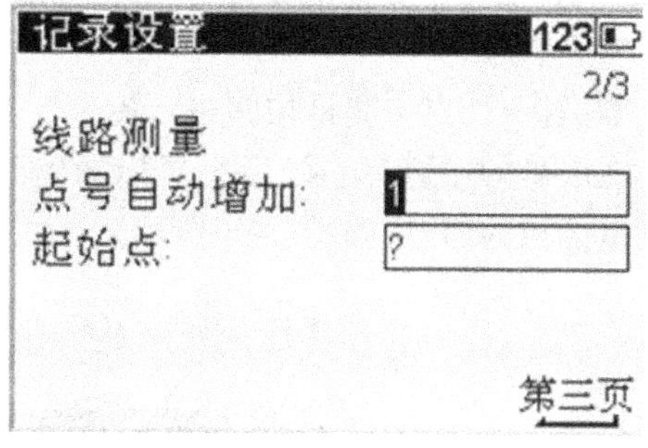

b)

记录设置 123
3/3
单点测量或中间点测量
点号自动增加: 1
起始点: ?
存储

c)

图　2-9

⑤选择配置→校正,进入校正对话框,如图 2-10 所示。

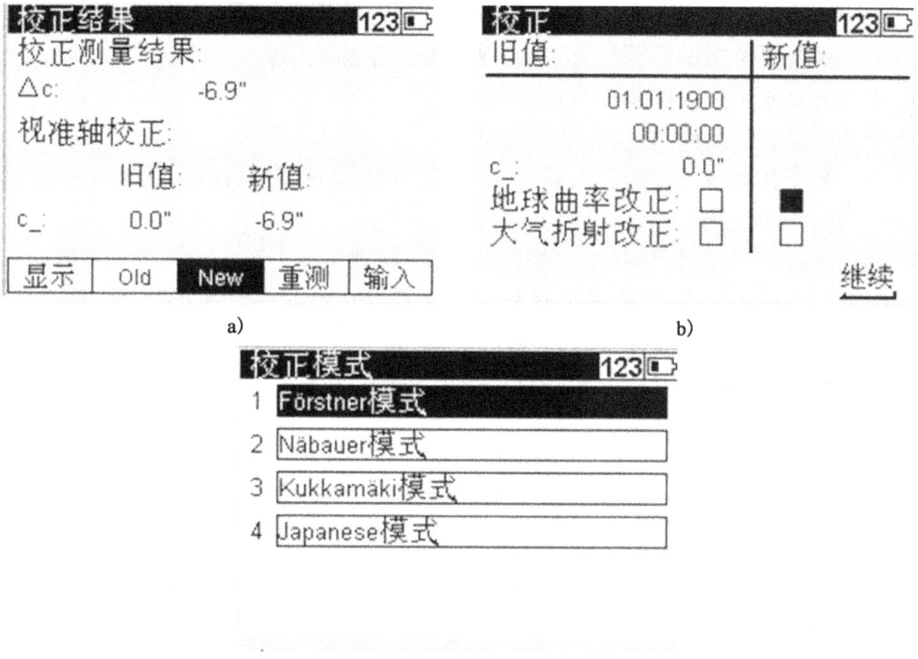

校正结果 123
校正测量结果:
△c: -6.9"
视准轴校正:
旧值: 新值:
c_: 0.0" -6.9"
显示 | Old | New | 重测 | 输入

a)

校正 123
旧值: 新值:
01.01.1900
00:00:00
c_: 0.0"
地球曲率改正: □ ■
大气折射改正: □ □
继续

b)

校正模式 123
1 Förstner模式
2 Näbauer模式
3 Kukkamäki模式
4 Japanese模式

c)

图　2-10

(6)选择测量→单点测量后,进入单点测量。

①输入点号。

②瞄准标尺,点击测量按钮进行测量。

③在屏幕的左边“结果”部分可以看到测量的结果;在屏幕的右边“下一点”部分是下一个要测量的点的信息,如图2-11所示。

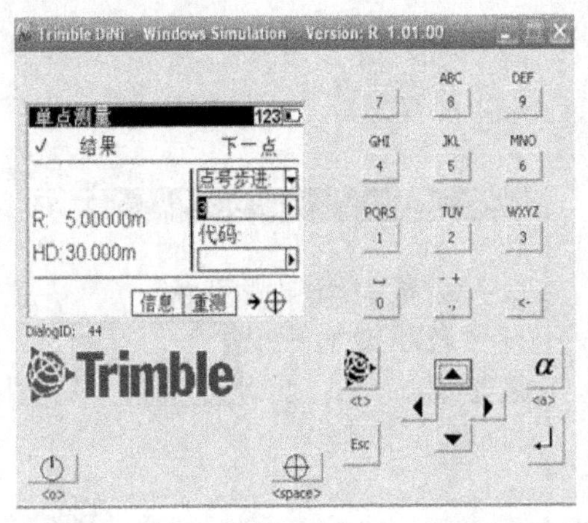

图 2-11

④如果对测量的结果不满意,还可以进行重测。

四、注意事项

(1)水准仪安置时应使脚架架头大致水平,脚架跨度不能太大或太小,避免摔坏仪器。

(2)安置仪器时应将仪器中心连接螺旋拧紧,防止仪器从脚架上脱落下来。

(3)在使用中要按照操作规程作业,各个螺旋要正确使用。

(4)实验时要使用与仪器相配套的条码标尺。

(5)转动各螺旋时要稳、轻、慢,不能用力太大。

(6)记录员听到观测员读数后必须向观测员回报,经观测员确认后方可记入手簿,以防因听错而记错。数据记录应字迹清晰,不得涂改。

(7)发现问题,及时向指导教师汇报,不能自行处理。

(8)水准尺必须要有人扶着,决不能立在墙边或靠在电杆上,以防摔坏水准尺;螺旋转到头要返转回来少许,切勿继续再转,以防脱扣。

(9)迁站时,仪器可不用装箱,但应保证仪器和脚架在搬动过程中呈竖直状态。

(10)一个项目中可以包含多条线路。

(11)所有的配置都保存为上一次的配置参数。

(12)在配置→记录设置中,如果要进行平差计算,请选择数据记录格式为RMC。

(13)单点测量是没有参考高程的测量。

(14)除单点测量外,Trimble DINI型电子水准仪还可以进行水准线路测量、中间点测量、放样测量、平差等。

五、上交资料

每人交实验报告一份。

实验报告二 电子水准仪的认识

日期：　　　　班级：　　　　组别：　　　　姓名：　　　　学号：

1. 在下图引出的标线上标明仪器该部件的名称。

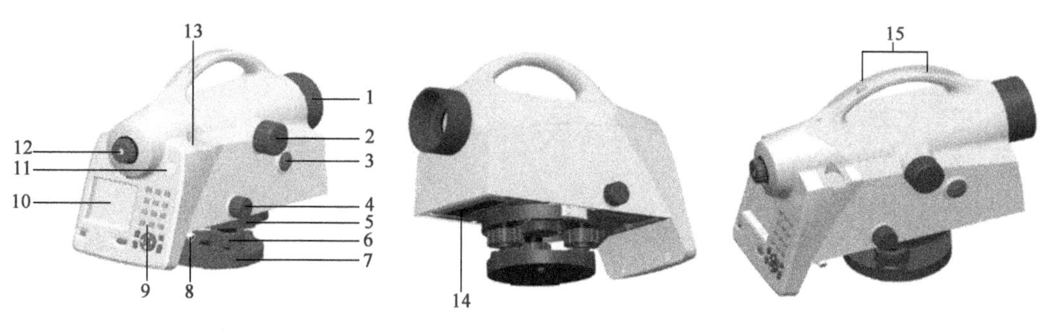

2. 简述单点测量的步骤，并写出单点测量的观测结果。

实验三　经纬仪的认识

一、技能目标

(1)认识经纬仪的一般构造。

(2)熟悉经纬仪的技术操作方法(如安置、读数等)。

(3)熟悉用水平度盘变换钮设置水平度盘读数。

(4)区分 DJ_2 级和 DJ_6 级经纬仪的异同点。

二、仪器与工具

(1)由仪器室借领:DJ_2 级经纬仪 1 台、记录板 1 块、测伞 1 把、花杆 2 根。

(2)自备:铅笔、小刀、草稿纸。

三、实验方法与步骤

1. DJ_2 级经纬仪的认识

(1)熟悉 DJ_2 级经纬仪各部件的名称及作用。

(2)了解下列各个装置的功能和用途:

①制动螺旋:分为水平制动和竖直制动——分别固定照准部和望远镜。

②微动螺旋:分为水平微动和竖直微动——用于精确瞄准目标。

③水准管:照准部水准管——用于显示水平度盘是否水平;竖盘指标水准管——用于显示竖盘指标线是否指向正确的位置。

④水平度盘变换装置:DJ_2 级经纬仪通过该装置,可设置起始方向的水平度盘读数。

⑤换像手轮:DJ_2 级经纬仪通过该装置,可设置读数窗处于水平或竖直度盘的影像。

2. DJ_2 级经纬仪的安置

(1)对中(采用光学对中器)。

①将三角架置于测站点上,目估架头大致水平,同时注意高度适中,安放经纬仪,三个脚螺旋的高度适中,光学对中器大致在测站点铅垂线上。

②调节对中器的目镜进行调焦,使对中器的中心圈影像清晰,然后调节物镜使地面的影像清晰地出现在对中器内。

③如测站点标志不在对中器内,可移动两个脚架,将测站点的影像置于对中器中心圈附近,拧紧中心螺旋。

④旋转脚螺旋使测站点标志影像精确地位于中心圈内。对中误差应小于 1mm。

⑤伸缩三脚架使圆水准气泡居中,并检查对点是否超限。

(2)整平:整平是使水平度盘处于水平位置,仪器竖轴铅直。

①使照准部水准管平行于任意两个脚螺旋的连线,如图 2-12 所示,并调节这两个脚螺旋(两手以相反方向同时旋转两脚螺旋,气泡移动的方向与左手拇指的旋转方向相同),使水准管气泡居中。

②然后旋转照准部90°,调节第三个脚螺旋,使水准管气泡居中。

③重复上述两步工作,直至仪器在任一位置水准管气泡均居中。此时仍应检查对中是否超限。如果对中器偏离标志中心,应拧松中心螺旋,平移(不可旋转)基座使其对中,最后再检查整平是否已被破坏,若已被破坏则再用脚螺旋整平。此两项操作应反复进行,直至水准管气泡居中,同时对中器对准测站标志中心为止。

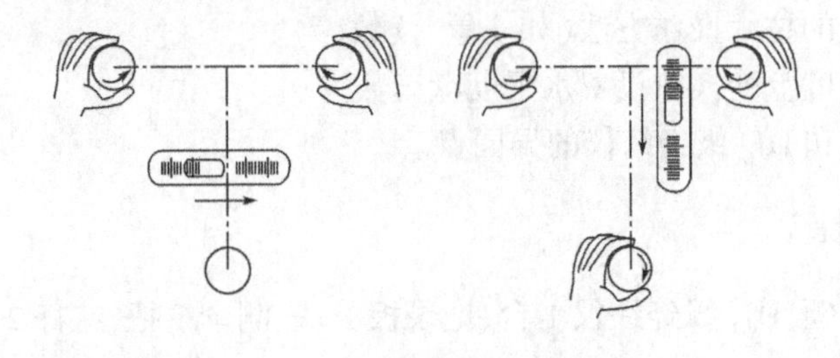

图 2-12

3. 照准目标

(1)目镜对光:望远镜对向天空或一明亮背景,转动目镜调焦螺旋,使十字丝分划板清晰。

(2)粗瞄目标:通过望远镜上的瞄准器将目标调入望远镜的视场内。

(3)物镜对光:调节物镜调焦螺旋,使目标的影像清晰地出现在十字丝分划板上。

(4)消除视差:眼睛在目镜后做上下、左右运动时,如目标和十字丝分划板相对运动,则有视差,这时重复(1)和(3)两步工作可消除视差。

(5)精确瞄准:调节水平微动螺旋和竖直微动螺旋,将目标调至十字丝分划板中心位置上。

4. 练习水平度盘读数

(1)当读数设备是对径分划读数视窗时,如图2-13a)所示。

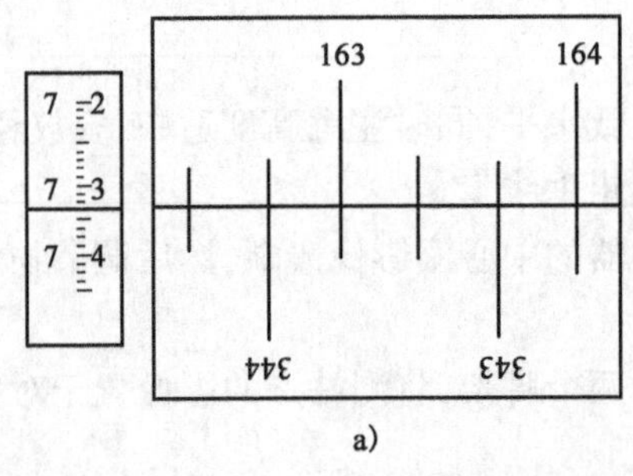

a)

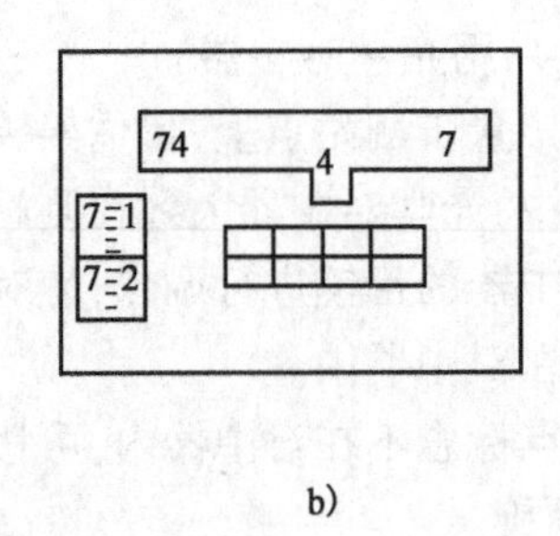

b)

图 2-13

①将换像手轮置于水平位置,打开反光镜,使读数窗明亮。

②转动测微轮使读数窗内上、下分划线对齐。

③读出位于左侧或靠中的正像度刻线的度读数(163°)。

④读出与正像度刻线相差180°位于右侧或靠中的倒像度刻线之间的格数 n,即 $n\times10'$ 的分读数(即163°和343°之间有2格,$2\times10'=20'$)。

⑤读出测微尺指标线截取小于10′的分、秒读数(7′34″)。

⑥将上述度、分、秒相加,即得整个度盘读数(163°27′34″)。

(2)当读数设备是数字化读数视窗时,如图2-13b)所示。

①同样先转动测微轮将读数窗内对径分划线上、下对齐。

②读取窗口最上边的完整度数(74°)和中部窗口10′的注记(40′)。

③再读取测微器上小于10′的数值(7′16″)。

④将上述的度、分、秒相加,即水平度盘读数为(74°47′16″)。

5. 练习用水平度盘变换手轮设置水平度盘读数(以归零为例)

(1)用望远镜瞄准选定目标。

(2)首先用测微轮将小于10′的测微器上的读数对着00′00″。

(3)打开水平度盘变换手轮的保护盖,用手拨动该手轮,将度和整分调至(0°00′),并保证分划线上、下对齐。

四、注意事项

(1)经纬仪属精密仪器,应避免日晒和雨淋,操作要做到轻、慢、稳。

(2)在对中过程中调节圆水准气泡居中时,切勿用脚螺旋调节,而应用脚架调节,以免破坏对中。

(3)整平好仪器后,应检查对中点是否偏移超限。

(4)当一个人操作时,其他人员只做语言帮助,不能多人同时操作一台仪器。

(5)每组中每人的练习时间要因时、因人而异,要互相帮助。

(6)练习水平度盘读数时要注意估读的准确性。

(7)使用带分微尺读数装置的DJ_6光学经纬仪,读数时应估读到0.1′,即6″,估读数的秒值部分应为6″的整倍数。

(8)DJ_2光学经纬仪读数前,应旋转测微手轮使度盘对径分划线重合,然后读数。且读数和计算均取至秒,而不取0.1″。

(9)使用竖盘自动归零经纬仪,应在竖盘指标自动归零补偿器正常工作、竖盘分划线稳定而无摆动时读取竖盘读数。

五、上交资料

每人交实验报告一份。

实验报告三　经纬仪的认识

日期：　　　　班级：　　　　组别：　　　　姓名：　　　　学号：

1. 试写出如下经纬仪各部件名称。

2. 观测记录。

仪器型号：　　　　　　　　　　　　观测者：

________年________月________日　天　气：　　　　　记录者：

测站	目标	竖盘位置	水平度盘读数(° ′ ″)	角值(° ′ ″)	竖直度盘读数(° ′ ″)	备注

实验四　全站仪的认识

一、技能目标

(1)认识全站仪的构造及功能键。
(2)熟悉全站仪的一般操作。

二、仪器与工具

(1)由仪器室借领:全站仪 1 套、棱镜 1 套、测伞 1 把、记录板 1 块。
(2)自备:铅笔、小刀、草稿纸。

三、实验方法与步骤

1. 全站仪的构造

(1)通过教师讲解和阅读全站仪使用说明书,了解全站仪的基本结构及各操作部件的名称和作用。

(2)了解全站仪键盘上各按键的名称及其功能、显示符号的含义,并熟悉角度测量、距离测量和坐标测量模式间的切换。

2. 全站仪的安置和目标瞄准

与光学经纬仪相同,具体步骤参见实验三。

3. 全站仪设定

(1)设定距离单位为 m。
(2)设定角度单位为六十进制度,设定角度的小数位数为 4 位(最小显示为 1″)。
(3)设定气温单位为℃,设定气压单位与所用气压计的单位一致。
(4)输入全站仪的测距加常数(测距加常数由仪器检定确定)。
(5)设定显示格式:包括坐标的显示,斜距、平距的显示。

4. 全站仪测量

(1)测角。与光学经纬仪测角的不同之处:照准目标后,水平度盘读数及竖直度盘读数即直接显示在屏幕上(当前显示格式中包含这两项)。

(2)测距。选择距离测量按键,读出斜距、平距、高差(此处同样需要显示格式的设定)。

(3)选择坐标测量模式,进入坐标测量模式,设置测站点坐标、后视定向(可通过设置后视点坐标或后视方向方位角实现),测量未知点坐标。

四、注意事项

(1)不同厂家生产的全站仪,其功能和操作方法也会有一定的差别,实验前须认真阅读其中的有关内容或全站仪的操作手册。

(2)全站仪是很贵重的精密仪器,在使用过程中要十分细心,以防损坏,必须严格遵守操作规程。

(3)仪器对中完成后,应检查连接螺旋是否使仪器与三脚架牢固连接,以防仪器摔落。

(4)在测距方向上不应有其他的反光物体(如其他棱镜、水银镜面、玻璃等),以免影响测距成果。

(5)不能把望远镜对向太阳或其他强光,在测程较大、阳光较强时要给全站仪和棱镜分别打伞,严禁用望远镜正对太阳。

(6)当电池电量不足时,应立即结束操作,更换电池。在装卸电池时,必须先关闭电源。

(7)电池应在常温下保存,长期不用时应每隔3~4个月充电一次。

(8)迁站时,即使距离很近,也必须取下全站仪装箱搬运,并注意防震。

(9)部分全站仪因开机方式不同,观测前需要对仪器初始化,即仪器对中、整平后,打开仪器开关,照准部水平旋转3~4周,望远镜在垂直面内转3~4周。

五、上交资料

每人交实验报告一份。

实验报告四　全站仪的认识

日期：　　　　班级：　　　　组别：　　　　姓名：　　　　学号：

1. 在下图引出的线上标明仪器各部件的名称。

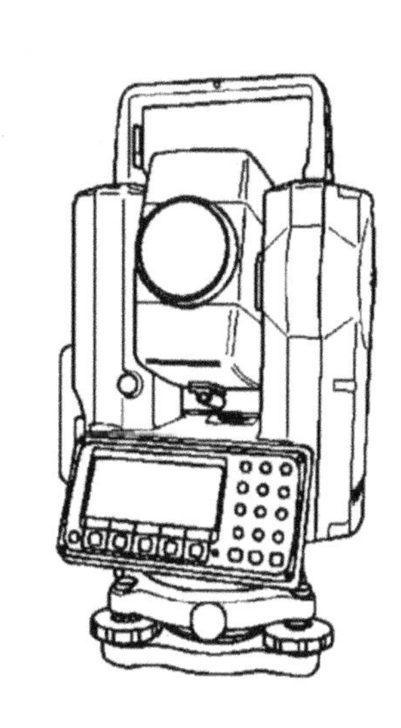

2. 观测记录。

全站仪认识和使用读数记录表

仪器型号：　　　　　　　　　　　　　　观测者：

________年________月________日　　　天　　气：　　　　　　记录者：

测站仪器高	目标棱镜高	竖盘位置	水平角观测		竖角观测		距离测量		
			水平度盘读数	方向值	竖盘读数	竖角值	斜距(m)	平距(m)	高差(m)

实验五　测量机器人的认识

一、技能目标

(1)认识测量机器人的构造及功能键。

(2)了解测量机器人的一般操作流程。

二、仪器与工具

(1)由仪器室借领:测量机器人1套、对讲机1对、棱镜1套、测伞1把、记录板1块。

(2)自备:铅笔、小刀、草稿纸。

三、实验方法与步骤

测量机器人又称自动全站仪,是一种集自动目标识别、自动照准、自动测角与测距、自动目标跟踪、自动记录于一体的测量平台。下面以Leica N05测量机器人为例叙述测量机器人的一般操作方法。

1. 安置仪器(与全站仪类似)

(1)在测站点上安置全站仪,对中、整平。

(2)在测点安置三脚架,采用激光对点器进行对中、整平,并将安装好棱镜的棱镜架安装在三脚架上。通过棱镜上的缺口使棱镜对准望远镜,在棱镜架上安装照准用觇板。

2. 检测

开机,检测电源电压,看是否满足测距要求。

3. 测前准备

(1)对测量机器人进行参数设定。

①设定距离单位为m。

②设定角度单位为六十进制度,设定角度的小数位数为5位(最小显示为0.5″)。

③设定气温单位为℃,设定气压单位与所用气压计的单位一致。

④输入测量机器人的测距加常数(测距加常数由仪器检定确定)。

(2)设定显示格式:包括坐标、斜距、平距的显示等。

4. 测角

照准目标后,水平度盘读数及竖直度盘读数即直接显示在屏幕上。

5. 测定距离、高差、坐标及高程

以下(1)~(2)步是为坐标测量做准备,当只需测定距离、高差时,可从第(3)步开始。

(1)照准控制点B(可假定),将AB方向的水平度盘读数设定为直线AB的方位角(可假定,但应尽可能与实际方位一致)。

(2)输入测站点A的东坐标、北坐标、高程(可假定)。

(3)量仪器高并输入全站仪。

(4)量棱镜高并输入全站仪。

(5)测定气温、气压并输入全站仪(输入后屏幕显示的 ppm 值为气象改正比例系数)。

(6)选定距离测量方式为标准测量方式。

(7)用望远镜照准测点的觇板中心,按测距键,施测后屏幕按设定的格式显示测量结果(可翻屏查阅其他显示格式所包含的测量数据)。

(8)在视线方向上竖立标杆棱镜,进行跟踪测距,同时使标杆棱镜沿视线方向移动,屏幕连续显示测量结果,按停止键时结束跟踪测距。

四、注意事项

(1)不同厂家生产的测量机器人,其功能和操作方法也会有较大的差别,实验前须认真阅读测量机器人的操作手册。

(2)测量机器人是很贵重的精密仪器,在使用过程中要十分细心,以防损坏。

(3)在测距方向上不应有其他的反光物体(如其他棱镜、水银镜面、玻璃等),以免影响测距成果。

(4)不能把望远镜对向太阳或其他强光,在测程较大、阳光较强时要给全站仪和棱镜分别打伞。

(5)全站仪的电池在充电前须先放电,充电时间也不能过长,否则会使电池容量减小,寿命缩短。

(6)电池应在常温下保存,长期不用时应每隔 3 ~4 个月充电一次。

五、上交资料

每人交实验报告一份。

实验报告五　测量机器人的认识

日期：　　　　　班级：　　　　　组别：　　　　　姓名：　　　　　学号：

课下查阅资料,了解测量机器人在控制网的自动观测、变形监测网的自动观测及自动放样等方面的应用。

第二节 基本测量方法与数据处理

实验六 普通水准测量

一、技能目标

(1)进一步熟悉水准仪的构造及使用方法。

(2)学会普通水准测量的实际作业过程。

(3)施测一闭合水准线路,计算其闭合差。

二、仪器与工具

(1)由仪器室借领:DS3 水准仪 1 台、水准尺 2 根、记录板 1 块、尺垫 2 个、测伞 1 把。

(2)自备:计算器、铅笔、小刀、草稿纸。

三、实验方法与步骤

(1)全组共同施测一条闭合水准路线,其长度以安置 4 ~ 6 个测站为宜。确定起始点及水准路线的前进方向。人员分工:两人扶尺,一人记录,一人观测。施测 1 ~ 2 站后轮换工作。

(2)在每一站上,观测者首先应整平仪器,然后照准后视尺,对光、调焦、消除视差。慢慢转动微倾螺旋,将管水准器的气泡严格符合后,读取中丝读数,记录员将读数记入记录表中。读完后视读数,紧接着照准前视尺,用同样的方法读取前视读数。记录员把前、后视读数记好后,应立即计算本站高差 h_i,并用双仪高法进行施测检核。

(3)用步骤(2)叙述的方法依次完成本闭合线路的水准测量。

(4)水准测量记录要特别细心,当记录者听到观测者所报读数后,要回报观测者,经默许后方可记入记录表中。观测者应注意复核记录者的复诵数字。

(5)观测结束后,立即算出高差闭合差 $f_h = \sum h_i$。如果 f_h 小于 $f_{h容}$,说明观测成果合格,即可算出各立尺点高程(假定起点高程为 50m)。否则,要进行重测。

四、注意事项

(1)水准测量工作要求全组人员紧密配合,互谅互让,禁止闹矛盾。

(2)中丝读数一律取四位数,记录员也应记满四个数字,“0”不可省略。

(3)扶尺者要将尺扶直,与观测人员配合好,选择好立尺点。

(4)水准测量记录中严禁涂改、转抄,不准用钢笔、圆珠笔记录,字迹要工整、整齐、清洁。

(5)每站水准仪置于前、后尺距离基本相等处,以消除或减少视准轴不平行于水准管轴的误差及其他误差的影响。

(6)在转点上立尺,读完上一站前视读数后,在下站的测量工作未完成之前绝对不能碰动尺垫或弄错转点位置。

(7)为校核每站高差的正确性,应按变换仪器高方法进行施测,以求得平均高差值作为本站的高差。

(8)限差要求:同一测站两次仪器高所测高差之差应小于5mm;水准路线高差闭合差的容许值为$f_{h容} = \pm 40\sqrt{L}$(或$\pm 12\sqrt{n}$)mm。

五、上交资料

每人交实验报告一份。

实验报告六　普通水准测量

日期：　　　　班级：　　　　组别：　　　　姓名：　　　　学号：

仪器型号：			天气：		日期：	
测点	后视读数（m）	前视读数（m）	高差（m）		高程（m）	备注
			+	−		
						观测者： 记录者：
校核计算	$\sum a - \sum b =$			$\sum h =$		

实验七 测回法观测水平角

一、技能目标

(1)进一步熟悉经纬仪的构造、安置和技术操作方法。

(2)学会用测回法观测水平角。

二、仪器与工具

(1)由仪器室借领:经纬仪1台、记录板1块、记录纸(水平角观测)、花杆2根。

(2)自备:计算器、铅笔、小刀、草稿纸。

三、实验方法与步骤

(1)在一个指定的点上安置经纬仪。

(2)选择两个明显的固定点作为观测目标或用花杆标定两个目标。

(3)用测回法测定其水平角值。其观测程序如下:

①安置好仪器以后,以盘左位置照准左方目标,并读取水平度盘读数。记录者听到读数后,立即回报观测者,经观测者默许后,立即记入测角记录表中。

②顺时针旋转照准部照准右方目标,读取其水平度盘读数,并记入测角记录表中。

③由(1)、(2)两步完成了上半测回的观测,记录者在记录表中要计算出上半测回角值。

④将经纬仪置盘右位置,先照准右方目标,读取水平度盘读数,并记入测角记录表中。其读数与盘左时的同一目标读数大约相差180°。

⑤逆时针转动照准部,再照准左方目标,读取水平度盘读数,并记入测角记录表中。

⑥由(4)、(5)两步完成了下半测回的观测,记录者再算出其下半测回角值。

⑦至此便完成了一个测回的观测。如上半测回角值和下半测回角值之差没有超限(即DJ_6型经纬仪不超过±40″,DJ_2型经纬仪不超过±12″),则取其平均值作为一测回的角度观测值,也就是这两个方向之间的水平角。

(4)如果观测不止一个测回,而是要观测n个测回,那么在每测回要重新设置水平度盘起始读数。即对左方目标在盘左观测时,每测回的水平度盘应设置$180°/n$的整倍数来观测。

四、注意事项

(1)在记录前,首先要弄清记录表格的填写次序和填写方法。

(2)每一测回的观测中间,如发现水准管气泡偏离,也不能重新整平。本测回观测完毕,下一测回开始前再重新整平仪器。

(3)在照准目标时,要用十字丝竖丝照准目标的明显地方,最好看目标下部,上半测回照准什么部位,下半测回仍照准这个部位。

(4)长条形较大目标需要用十字丝双丝来照准,点目标用单丝平分。较大(近)目标用单丝平分目标;较小(远)目标用双丝夹住目标,使目标平分双丝间距。

(5)在选择目标时,最好选取不同高度的目标进行观测。

五、上交资料

每人交实验报告一份。

实验报告七　测回法水平角观测

日期：　　　　　班级：　　　　　组别：　　　　　姓名：　　　　　学号：

测站	目标	水平读数		半测回角值	一测回平均角值	示意图	备注
		盘左	盘右				
							观测：
							记录：

实验八　方向观测法观测水平角

一、技能目标

(1)进一步熟悉经纬仪的构造、安置和技术操作方法。

(2)学会方向观测法的观测程序。

(3)了解方向观测法的精度要求及重测原则。

二、仪器与工具

(1)由仪器室借领:经纬仪 1 台、记录板 1 块、记录纸(水平角观测)、花杆 3 根。

(2)自备:计算器、铅笔、小刀、草稿纸。

三、实验方法与步骤

1. 观测程序

(1)如图 2-14 所示,在 O 点安置经纬仪,选取一方向作为起始零方向(如图中的 A 方向)。

(2)盘左位置照准 A 方向,并拨动水平度盘变换手轮,将 A 方向的水平度盘读数设置在稍大于 $00°00'00''$ 的位置,然后顺时针转动照准部 1 ~ 2 周,重新照准 A 方向并读取水平度盘读数,记入方向观测法记录表中。

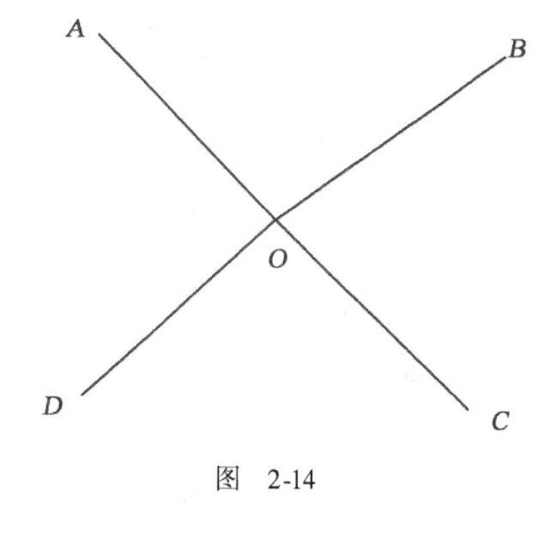

图　2-14

(3)按顺时针方向依次照准 B、C、D 方向,并读取水平度盘读数,将读数值分别记入记录表中。

(4)继续旋转照准部至 A 方向,再读取水平度盘读数,检查归零差是否合格。

(5)盘右位置观测前,先逆时针旋转照准部 1 ~ 2 周,以消除照准部旋转引起的底座位移,然后再照准 A 方向,并读取水平度盘读数,记入记录表中。

(6)按逆时针方向依次照准 D、C、B 方向,并读取水平度盘读数,将读数值分别记入记录表中。

(7)逆时针继续旋转至 A 方向,读取零方向 A 的水平度盘读数,并检查归零差和 $2C$ 互差。

2. 起始方向度盘读数位置的变换规则

为了提高测角精度,减少度盘刻划误差的影响,各测回起始方向的度盘读数位置应均匀地分布在度盘和测微尺的不同位置上,根据不同的测量等级和使用的仪器,可采用下列公式确定起始方向的度盘读数,即每测回起始方向盘左的水平度盘读数应设置为$\left(\frac{180°}{n}+\frac{60'}{n}\right)$的整倍数。

3. 限差的要求

限差要求见表2-1。

方向观测法的技术要求　　表2-1

经纬仪型号	半测回归零差	一测回内2*C*互差	同一方向各测回互差
DJ_2	8″	13″	9″
DJ_6	18″		24″

4. 重测的原则和顺序

(1)归零差

①上半测回归零差超限,应立即重测。

②当下半测回的归零差超限时,则重测整个测回。

(2)2*C*互差

①零方向的2*C*互差超限时,则重测整个测回。

②其他方向的2*C*互差超限时,则重测超限方向,并联测零方向。当一测回重测方向超过1/3总方向数时,应重测整个测回。

(3)测回互差

①当各测回同一归零方向值超限时,重测超限方向,并联测零方向。

②全部重测的方向数超过该站全部方向测回总数的1/3时,全部成果重测。

四、注意事项

(1)每半测回观测前应先旋转照准部1~2周,以消除照准部旋转引起的底座位移。

(2)一测回内不得重新调焦和两次整平仪器。

(3)选择距离适中、通视良好、成像清晰的方向作零方向。

(4)使用微动螺旋和测微螺旋时,其最后旋转方向均应为旋进,以消除隙动差。

(5)管水准器气泡偏离中心不得超过1格以上。

(6)进行水平角观测时,应尽量照准目标的下部。

五、上交资料

每人上交一份实验报告。

实验报告八 方向观测法水平角观测

日期：　　　班级：　　　组别：　　　姓名：　　　学号：

方向观测法观测手簿

<table>
<tr><th rowspan="2">测站</th><th rowspan="2">测回数</th><th rowspan="2">目标</th><th colspan="2">水平度盘读数</th><th rowspan="2">半测回
方向
(° ′ ″)</th><th rowspan="2">一测回
平均方向
(° ′ ″)</th><th rowspan="2">各测回
平均方向
(° ′ ″)</th></tr>
<tr><th>盘左
(° ′ ″)</th><th>盘右
(° ′ ″)</th></tr>
<tr><td>1</td><td>2</td><td>3</td><td>4</td><td>5</td><td>6</td><td>7</td><td>8</td></tr>
<tr><td rowspan="16">O</td><td rowspan="4">1</td><td>A</td><td></td><td></td><td></td><td></td><td></td></tr>
<tr><td>B</td><td></td><td></td><td></td><td></td><td></td></tr>
<tr><td>C</td><td></td><td></td><td></td><td></td><td></td></tr>
<tr><td>A</td><td></td><td></td><td></td><td></td><td></td></tr>
<tr><td rowspan="4">2</td><td>A</td><td></td><td></td><td></td><td></td><td></td></tr>
<tr><td>B</td><td></td><td></td><td></td><td></td><td></td></tr>
<tr><td>C</td><td></td><td></td><td></td><td></td><td></td></tr>
<tr><td>A</td><td></td><td></td><td></td><td></td><td></td></tr>
<tr><td rowspan="4">3</td><td>A</td><td></td><td></td><td></td><td></td><td></td></tr>
<tr><td>B</td><td></td><td></td><td></td><td></td><td></td></tr>
<tr><td>C</td><td></td><td></td><td></td><td></td><td></td></tr>
<tr><td>A</td><td></td><td></td><td></td><td></td><td></td></tr>
<tr><td rowspan="4">4</td><td>A</td><td></td><td></td><td></td><td></td><td></td></tr>
<tr><td>B</td><td></td><td></td><td></td><td></td><td></td></tr>
<tr><td>C</td><td></td><td></td><td></td><td></td><td></td></tr>
<tr><td>A</td><td></td><td></td><td></td><td></td><td></td></tr>
</table>

实验九 竖直角观测

一、技能目标

(1)学会竖直角的测量方法。
(2)学会竖直角及竖盘指标差的记录、计算方法。

二、仪器与工具

(1)由仪器室借领:经纬仪1台、小钢尺1把、记录板1块、记录纸、测伞1把。
(2)自备:计算器、铅笔、小刀、草稿纸。

三、实验方法与步骤

(1)在某指定点上安置经纬仪。

(2)以盘左位置使望远镜视线大致水平。竖盘指标所指读数90°即为盘左时的竖盘起始读数,记作$L_{始}$。

同样,盘右位置看盘右时的竖盘起始读数,记作$R_{始}$(一般情况下$R_{始}=L_{始}\pm180°$)。

(3)以盘左位置将望远镜物镜端抬高,即当视准轴逐渐向上倾斜时,观察竖盘读数是增加还是减少,借以确定竖直角和指标差的计算公式。

①当望远镜物镜视线抬高时,如竖盘读数逐渐减少,则竖直角计算公式为:

$$\alpha_{左}=L_{始}-L \tag{2-1}$$

$$\alpha_{右}=R-R_{始} \tag{2-2}$$

②当望远镜物镜视线抬高时,如竖盘读数逐渐增大,则竖直角计算公式为:

$$\alpha_{左}=L-L_{始} \tag{2-3}$$

$$\alpha_{右}=R_{始}-R \tag{2-4}$$

以竖盘注记顺时针为例,当望远镜视线抬高时,盘左时竖盘读数L逐渐减少,盘右时竖盘读数R逐渐增加,盘左、盘右视线水平时的读数分别为90°和270°。则:

$$\alpha_{左}=90°-L \tag{2-5}$$

$$\alpha_{右}=R-270° \tag{2-6}$$

竖直角:

$$\alpha=\frac{1}{2}(\alpha_{左}+\alpha_{右})=\frac{1}{2}(R-L-180°) \tag{2-7}$$

竖盘指标差:

$$X=\frac{1}{2}(\alpha_{左}-\alpha_{右})=\frac{1}{2}(L+R-360°) \tag{2-8}$$

③必须注意,X值有正有负,盘左位置观测时用$\alpha=\alpha_{左}+X$计算就能获得正确的竖直角α;而盘右位置观测用$\alpha=\alpha_{右}-X$计算才能获得正确的竖直角α。

④用上述公式算出的竖直角α其符号为"+"时,α为仰角;其符号为"-"时,α为俯角。

(4)用测回法测定竖直角,其观测程序如下:

①安置好全站仪后,盘左位置照准目标,使竖盘指标处于正确位置,读取竖直度盘的读数 L。记录者将读数值 L 记入竖直角测量记录表中。

②根据竖直角计算公式,在记录表中计算出盘左时的竖直角 $\alpha_{左}$。

③再用盘右位置照准目标,使竖盘指标处于正确位置,读取其竖直度盘读数 R。记录者将读数值 R 记入竖直角测量记录表中。

④根据竖直角计算公式,在记录表中计算出盘右时的竖直角 $\alpha_{右}$。

⑤计算一测回竖直角值和指标差。

四、注意事项

(1)直接读取的竖盘读数并非竖直角,竖直角通过计算才能获得。

(2)竖盘因其刻划注记和起始读数的不同,计算竖直角的方法也就不同,要通过检测来确定正确的竖直角和指标差计算公式。

(3)盘左盘右照准目标时,要用十字丝横丝照准目标的同一位置。

(4)在竖盘读数前,务必要使竖盘指标处于正确位置。

五、上交资料

每人上交一份实验报告。

实验报告九　竖直角观测

日期：　　　　班级：　　　　组别：　　　　姓名：　　　　学号：

竖直角观测记录

测站	目标	竖盘位置	竖盘读数	半测回竖直角	指标差	一测回竖直角	备　注
1							观测：
							记录：
2							
3							
4							
5							
6							
7							
8							
9							
10							
11							
12							

实验十 三角高程测量

一、技能目标

(1)学会三角高程测量的观测方法。

(2)学会三角高程测量的计算方法。

二、仪器与工具

(1)由仪器室借领:全站仪1台、小钢尺1把、记录板1块、记录纸、测伞1把。

(2)自备:计算器、铅笔、小刀、草稿纸。

三、实验方法与步骤

(1)在指定点上安置全站仪和棱镜,量取仪器高 i 和棱镜高 v。

(2)盘左位置照准目标,读取竖直度盘的读数 L。记录者将读数值 L 记入竖直角测量记录表中,选择测距功能,测量两点平距 D,记入记录表中。

(3)根据竖直角计算公式,在记录表中计算出盘左时的竖直角 $\alpha_{左}$。

(4)再用盘右位置照准目标,读取其竖直度盘读数 R。记录者将读数值 R 记入竖直角测量记录表中,选择测距功能,测量两点平距,记入记录表中。

(5)根据竖直角计算公式,在记录表中计算出盘右时的竖直角 $\alpha_{右}$。

(6)计算一测回竖直角值 α 和指标差。

(7)利用仪器高、棱镜高、一测回竖直角及两点间距离,根据三角高程测量计算公式,计算两点高差。

$$h = D\tan\alpha + i - v \tag{2-9}$$

四、注意事项

(1)直接读取的竖盘读数并非竖直角,竖直角通过计算才能获得。

(2)竖盘因其刻划注记的不同,计算竖直角的方法也就不同,要通过检测来确定正确的竖直角和指标差计算公式。

(3)盘左盘右照准目标时,要用十字丝横丝照准目标的同一位置。

(4)在竖盘读数前,务必要使竖盘指标处于正确位置。

(5)计算高差时,要注意斜距与平距的区别。

(6)仪器高和棱镜高的量测应分别在三个方向进行,最后取其平均值。

五、上交资料

每人上交一份实验报告。

实验报告十 三角高程测量

日期：　　　　班级：　　　　组别：　　　　姓名：　　　　学号：

测站点	仪器高（m）	观测点	觇标高（m）	盘位	竖盘读数	半测回竖直角	指标差	一测回竖直角	平距（m）	高差（m）	备注
				左							观测：
				右							记录：
				左							
				右							
				左							
				右							
				左							
				右							
				左							
				右							
				左							
				右							
				左							
				右							
				左							
				右							
				左							
				右							
				左							
				右							
				左							
				右							

实验十一　四等水准测量

一、技能目标

（1）学会用双面水准尺进行四等水准测量的观测、记录、计算。

（2）熟悉四等水准测量的主要技术指标，掌握测站及水准路线的检核方法。

二、仪器与工具

（1）由仪器室借领：DS3 水准仪 1 台、双面水准尺 2 根，记录板 1 块，尺垫 2 个，记录纸。

（2）自备：计算器、铅笔、小刀、计算用纸。

三、实验方法与步骤

（1）选定一条闭合水准路线，测站数为每组的同学数目。沿线标定待定点的地面标志。

（2）在起点与第一个立尺点之间设站，安置好水准仪后，按以下顺序观测：

①后视黑面尺，读取下、上丝读数；精平，读取中丝读数；分别记入表 2-2（1）、（2）、（3）顺序栏中。

②前视黑面尺，读取下、上丝读数；精平，读取中丝读数；分别记入表 2-2（4）、（5）、（6）顺序栏中。

③前视红面尺，精平，读取中丝读数；记入表 2-2（7）顺序栏中。

④后视红面尺，精平，读取中丝读数；记入表 2-2（8）顺序栏中。

这种观测顺序简称“后—前—前—后”，对于四等水准测量，也可采用“后—后—前—前”的观测顺序。

（3）各种观测数据记录完毕应随即计算：

①黑、红面分划读数差（即同一水准尺的黑面读数 = 常数 K − 红面读数）填入表 2-2（9）、（10）顺序栏中。

②黑、红面所测高差，黑、红面所测高差之差填入表 2-2（11）、（12）、（13）顺序栏中，并以（11）−（12）=（13）=（10）−（9）±100mm 检核计算。

③高差中数填入表 2-2（14）顺序栏中。

④上、下丝读数差乘以 100，计算前、后视距，单位为 m，填入表 2-2（15）、（16）顺序栏中。

⑤前、后视距差填入表 2-2（17）顺序栏中。

⑥前、后视距累积差填入表 2-2（18）顺序栏中。

⑦检查各项计算值是否满足限差要求。

（4）依次设站同法施测其他各站。

（5）全路线施测完毕后计算以下内容：

①路线总长（即各站前、后视距之和）。

记 录 表　　　　表 2-2

<table>
<tr><td rowspan="4">测站编号</td><td rowspan="2">后尺</td><td>下丝</td><td rowspan="2">前尺</td><td>下丝</td><td rowspan="2">方向及尺号</td><td colspan="2" rowspan="2">标尺读数</td><td rowspan="4">黑 + K − 红（mm）</td><td rowspan="4">平均高差（mm）</td><td rowspan="4">备注</td></tr>
<tr><td>上丝</td><td>上丝</td></tr>
<tr><td colspan="2">后视距</td><td colspan="2">前视距</td><td></td><td rowspan="2">黑面</td><td rowspan="2">红面</td></tr>
<tr><td colspan="2">视距差 d</td><td colspan="2">累积差 $\sum d$</td><td></td></tr>
<tr><td rowspan="4"></td><td colspan="2">（1）</td><td colspan="2">（4）</td><td>后</td><td>（3）</td><td>（8）</td><td>（10）</td><td rowspan="4">（14）</td><td rowspan="4"></td></tr>
<tr><td colspan="2">（2）</td><td colspan="2">（5）</td><td>前</td><td>（6）</td><td>（7）</td><td>（9）</td></tr>
<tr><td colspan="2">（15）</td><td colspan="2">（16）</td><td>后—前</td><td>（11）</td><td>（12）</td><td>（13）</td></tr>
<tr><td colspan="2">（17）</td><td colspan="2">（18）</td><td colspan="4"></td></tr>
</table>

②各站前、后视距差之和（应与最后一站累积视距差相等）。

③各站后视读数之和、各站前视读数之和、各站高差中数之和（应为上两项之差的 1/2）。

④路线闭合差（应符合限差要求）。

⑤各站高差改正数及各待定点的高程。

四、注意事项

（1）每站观测结束后应当即计算检核，若有超限则重测该测站。全路线施测计算完毕，各项检核均已符合，路线闭合差也在限差之内，即可收测。

（2）有关技术指标的限差规定见表 2-3。

限 差 规 定　　　　表 2-3

等级	视线高度（m）	视距长度（m）	前后视距差（m）	前后视距累积差（m）	黑、红面读数差（mm）	黑、红面所测高差之差（mm）	路线闭合差（mm）
四	>0.2	≤80	≤3.0	≤10.0	≤3.0	≤5.0	$\leq \pm 20\sqrt{L}$

注：表中 L 为路线总长，以 km 为单位。

（3）四等水准测量作业所要求的集体观念很强，全组人员一定要互相合作，密切配合，相互体谅。

（4）记录者要认真负责，当听到观测值所报读数后，要回报给观测者，经默许后，方可记入记录表中。如果发现有超限现象，立即告诉观测者进行重测。

（5）严禁为了快出成果，转抄、照抄、涂改原始数据。记录的字迹要工整、整齐、清洁。

（6）四等水准测量记录表（表 2-2）内括号中的数，表示观测读数与计算的顺序。（1）~（8）为记录顺序，（9）~（18）为计算顺序。

（7）仪器前后尺视距一般不超过 80m。

（8）双面水准尺每两根为一组，其中一根尺常数 $K_1 = 4.687$m，另一根尺常数 $K_2 = 4.787$m，两尺的红面读数相差 0.100m（即 4.687 与 4.787 之差）。当第一测站前尺位置决定以后，两根尺要交替前进，即后变前，前变后，不能搞乱。在记录表中的方向及尺号栏内要写明尺号，在备注栏内写明相应尺号的 K 值。起点高程可采用假定高程，即设 $H_0 = 100.00$m。

(9)四等水准测量记录计算比较复杂,要多想多练,步步校核,熟中取巧。

(10)四等水准测量在一个测站的观测顺序应为:后视黑面三丝读数,前视黑面三丝读数,前视红面中丝读数,后视红面中丝读数,称为“后—前—前—后”顺序。当沿土质坚实的路线进行测量时,也可以用“后—后—前—前”的观测顺序。

五、上交资料

每人上交一份实验报告。

实验报告十一 四等水准测量

日期： 班级： 组别： 姓名： 学号：

测站编号	后尺 下丝	前尺 下丝	方向及尺号	标尺读数		黑 + K − 红（mm）	平均高差（mm）	备注
	后尺 上丝	前尺 上丝		黑面	红面			
	后视距	前视距						
	视距差 d	累积差 $\sum d$						
							K_1： K_2：	
			后					
			前					
			后—前					
			后					
			前					
			后—前					
			后					
			前					
			后—前					
			后					
			前					
			后—前					
			后					
			前					
			后—前					
			后					
			前					
			后—前					

注：K 为尺常数 4687 或 4787。

实验十二 二等水准测量

一、技能目标

(1)学会利用数字(或光学)水准仪进行二等水准测量的数据采集程序。
(2)掌握二等水准测量的数据处理方法。
(3)掌握二等水准测量中的限差要求。

二、仪器与工具

(1)由仪器室借领:电子(或光学)水准仪1台、配套水准尺1对、记录板1块、尺垫2个、测伞1把。

(2)自备:计算器、铅笔、小刀、铅笔、草稿纸。

三、实验方法与步骤

(1)选择两个相距约1km的水准点作为起始点和终点,布设一条附合水准路线。

(2)二等水准测量采用中丝读数法进行往返观测,每一测段的测站数应为偶数。往测奇数站的观测程序为“后前前后”,往测偶数站的观测程序为“前后后前”,返测奇数站的观测程序为“前后后前”,返测偶数站的观测程序为“后前前后”。要求每人至少观测往测2站(手工记录)、返测2站(自动记录)。

①光学水准仪观测(表2-4)。

光学水准仪二等测量奇数站记录顺序 表2-4

<table>
<tr><td rowspan="4">测站编号</td><td rowspan="2">后视</td><td>下丝</td><td rowspan="2">前视</td><td>下丝</td><td rowspan="4">方向及尺号</td><td colspan="2" rowspan="2">标尺读数</td><td rowspan="4">基+K-辅</td><td rowspan="4">备注</td></tr>
<tr><td>上丝</td><td>上丝</td></tr>
<tr><td colspan="2">后距</td><td colspan="2">前距</td><td rowspan="2">基本分划</td><td rowspan="2">辅助分划</td></tr>
<tr><td colspan="2">视距差 d</td><td colspan="2">视距差累计 $\sum d$</td></tr>
<tr><td rowspan="4"></td><td colspan="2">(1)</td><td colspan="2">(5)</td><td>后</td><td>(3)</td><td>(8)</td><td>(13)</td><td></td></tr>
<tr><td colspan="2">(2)</td><td colspan="2">(6)</td><td>前</td><td>(4)</td><td>(7)</td><td>(14)</td><td></td></tr>
<tr><td colspan="2">(9)</td><td colspan="2">(10)</td><td>后—前</td><td>(15)</td><td>(16)</td><td>(17)</td><td></td></tr>
<tr><td colspan="2">(11)</td><td colspan="2">(12)</td><td>H</td><td colspan="3">(18)</td><td></td></tr>
</table>

往测奇数站照准标尺分划的顺序为:后视标尺基本分划;前视标尺基本分划;前视标尺辅助分划;后视标尺辅助分划。

往测偶数站照准标尺分划的顺序为:前视标尺基本分划;后视标尺基本分划;后视标尺辅助分划;前视标尺辅助分划。

返测时,奇、偶测站照准标尺的顺序分别与往测偶、奇测站相同。

②数字水准仪观测(表2-5)。

数字水准仪二等测量奇数站记录顺序　　表 2-5

测站编号	后距	前距	方向及尺号	标尺读数		两次读数之差	备注
	视距差 d	累积视距差 $\sum d$		第一次读数	第二次读数		
	(1)	(4)	后	(2)	(6)	(9)	
			前	(3)	(5)	(10)	
	(7)	(8)	后—前	(11)	(12)	(13)	
			h	(14)			

往、返测奇数站照准标尺顺序为：后视标尺；前视标尺；前视标尺；后视标尺。

往、返测偶数站照准标尺顺序为：前视标尺；后视标尺；后视标尺；前视标尺。

一测站操作程序如下（以奇数站为例）：

①首先将仪器整平（望远镜绕竖轴旋转，圆气泡始终位于指标环中央）。

②将望远镜对准后视标尺（此时，标尺应按圆水准器指示整置于垂直位置），用竖丝照准条码中央，精确调焦至条码影像清晰，按测量键。

③显示读数后，旋转望远镜照准前视标尺条码中央，精确调焦至条码影像清晰，按测量键。

④显示读数后，重新照准前视标尺，按测量键。

⑤显示读数后，旋转望远镜照准后视标尺条码中央，精确调焦至条码影像清晰，按测量键，显示测站成果。测站检核合格后迁站。

（3）各种观测数据记录完毕应随即计算，计算方法同四等水准测量。然后检查各项计算值是否满足限差要求，满足限差后，才能搬站。

（4）有关技术指标的限差规定见表 2-6、表 2-7。

测站视线长度、前后视距差、视线高度、数字水准仪重复测量次数见表 2-6。

表 2-6

等级	仪器类型	标准视线长度（m）		前后视距差（m）		任一测站上前后视距累积差（m）		视线高度		数字水准仪重复测量次数
		光学	数字	光学	数字	光学	数字	光学	数字	
一	DSZ05 DS05	≤30	≥4 且 ≤30	≤0.5	≤1.0	≤1.5	≤3.0	≥0.5	≥0.65 且 ≤2.8	≥3
二	DSZ1 DS1	≤50	≥3 且 ≤50	≤1.0	≤1.5	≤3.0	≤6.0	≥0.3	≥0.55 且 ≤2.8	≥2

测站观测限差应不超过表 2-7 的规定。

测站观测限差（mm）　　表 2-7

等级	上下丝读数平均值与中丝读数的差		基辅分划读数的差	基辅分划所测高差的差	检测间歇点高差的差
	0.5cm 刻划标尺	1cm 刻划标尺			
一	1.5	3.0	0.3	0.4	0.7
二	1.5	3.0	0.4	0.6	1.0

对于数字水准仪,同一标尺两次读数差不设限差,两次读数所测高差的差执行基辅分划所测高差之差的限差。测站观测误差超限,在本站发现后可立即重测,若迁站后才检查发现,则应从上一水准点或间歇点起始(应经检测符合限差),重新观测外业计算取位按表2-8的规定。

外业计算取位 表2-8

等级	往(返)测距离总和(km)	测段距离中数(km)	各测站高差(mm)	往(返)测高差总和(mm)	测段高差中数(mm)	水准点高程(mm)
一等	0.01	0.1	0.01	0.01	0.1	1
二等	0.01	0.1	0.01	0.01	0.1	1

(5)依次设站同法施测其他各站。

(6)全路线施测完毕后计算以下内容:

①路线总长(即各站前、后视距之和)。

②各站前、后视距差之和(应与最后一站累积视距差相等)。

③各站后视读数和、各站前视读数和、各站高差中数之和(应为上两项之差的1/2)。

④路线闭合差(应符合限差要求,$\leqslant 4\sqrt{L}$)。

⑤各站高差改正数及各待定点的高程。

四、注意事项

(1)一、二等水准测量采用单路线往返观测,同一区段的往返测,应使用同一类型的仪器和转点尺承沿同一道路进行。同一测段的往测(或返测)与返测(或往测)应分别在上午和下午进行。若观测条件较好,若干里程的往返测可同在上午或下午进行。但这种里程的总站数,一等不应超过该区段总站数的20%,二等不应超过该区段总站数的30%。

(2)在连续各测站上安置水准仪的三脚架时,应使其中两脚与水准路线的方向平行,而第三脚轮换置于路线方向的左侧与右侧。

(3)除路线转弯处外,每一测站上仪器与前后视标尺的三个位置应接近一条直线。

(4)每一测段的往测和返测,其测站数均应为偶数。由往测转向返测时,两支标尺应互换位置,并应重新整置仪器。

(5)对于数字水准仪,应避免望远镜直接对着太阳;尽量避免视线被遮挡,遮挡不要超过标尺在望远镜中截长的20%。

(6)扶尺时应借助尺撑,使标尺上的气泡居中,标尺垂直。

(7)观测员在观测中,不允许为通过限差的规定而凑数,以免成果失去真实性。

(8)记录员除了记录与计算之外,还必须检查观测数据是否满足限差要求,若不满足应立即通知观测员重测,观测员要牢记观测程序,记录不要错误,字迹整齐,不得涂改。测站数计算和检查完毕确信无误后才可搬站离开。

(9)扶尺员在观测之前必须将标尺立直扶稳,严禁双手脱离标尺,以防摔坏标尺的事故发生。

(10)量距要保持通视,前后视距要尽量相等并且要保证一定的视线高度,尽可能使仪器和前后标尺在一条直线上。

(11)每站观测结束后应当即计算检核,若有超限则重测该测站。全路线施测计算完毕,各项检核均已符合,路线闭合差也在限差之内,即可收测。

(12)二等水准测量作业要求的集体观念很强,全组人员一定要互相合作,密切配合,相互体谅。

(13)记录者要认真负责,当听到观测值所报读数后,要回报给观测者,经默许后,方可记入记录表中。如果发现有超限现象,立即告诉观测者进行重测。

(14)严禁为了快出成果,转抄、照抄、涂改原始数据。记录的字迹要工整、整齐、清洁。

五、上交资料

每组上交一份实验报告。

实验报告十二 二等水准测量(光学)

日期： 班级： 组别： 姓名： 学号：

<table>
<tr><td rowspan="4">测站
编号</td><td rowspan="2">后视</td><td>下丝</td><td rowspan="2">前视</td><td>下丝</td><td rowspan="4">方向
及
尺号</td><td colspan="2">标 尺 读 数</td><td rowspan="4">基 + K
－辅</td><td rowspan="4">备注</td></tr>
<tr><td>上丝</td><td>上丝</td></tr>
<tr><td colspan="2">后距</td><td colspan="2">前距</td><td rowspan="2">基本分划</td><td rowspan="2">辅助分划</td></tr>
<tr><td colspan="2">视距差 d</td><td colspan="2">视距差累计 $\sum d$</td></tr>
<tr><td rowspan="4"></td><td colspan="2"></td><td colspan="2"></td><td>后</td><td></td><td></td><td></td><td rowspan="4">观测：
记录：</td></tr>
<tr><td colspan="2"></td><td colspan="2"></td><td>前</td><td></td><td></td><td></td></tr>
<tr><td colspan="2"></td><td colspan="2"></td><td>后—前</td><td></td><td></td><td></td></tr>
<tr><td colspan="2"></td><td colspan="2"></td><td>h</td><td colspan="3"></td></tr>
<tr><td rowspan="4"></td><td colspan="2"></td><td colspan="2"></td><td>后</td><td></td><td></td><td></td><td rowspan="4"></td></tr>
<tr><td colspan="2"></td><td colspan="2"></td><td>前</td><td></td><td></td><td></td></tr>
<tr><td colspan="2"></td><td colspan="2"></td><td>后—前</td><td></td><td></td><td></td></tr>
<tr><td colspan="2"></td><td colspan="2"></td><td>h</td><td colspan="3"></td></tr>
<tr><td rowspan="4"></td><td colspan="2"></td><td colspan="2"></td><td>后</td><td></td><td></td><td></td><td rowspan="4"></td></tr>
<tr><td colspan="2"></td><td colspan="2"></td><td>前</td><td></td><td></td><td></td></tr>
<tr><td colspan="2"></td><td colspan="2"></td><td>后—前</td><td></td><td></td><td></td></tr>
<tr><td colspan="2"></td><td colspan="2"></td><td>h</td><td colspan="3"></td></tr>
<tr><td rowspan="4"></td><td colspan="2"></td><td colspan="2"></td><td>后</td><td></td><td></td><td></td><td rowspan="4"></td></tr>
<tr><td colspan="2"></td><td colspan="2"></td><td>前</td><td></td><td></td><td></td></tr>
<tr><td colspan="2"></td><td colspan="2"></td><td>后—前</td><td></td><td></td><td></td></tr>
<tr><td colspan="2"></td><td colspan="2"></td><td>h</td><td colspan="3"></td></tr>
<tr><td rowspan="4"></td><td colspan="2"></td><td colspan="2"></td><td>后</td><td></td><td></td><td></td><td rowspan="4"></td></tr>
<tr><td colspan="2"></td><td colspan="2"></td><td>前</td><td></td><td></td><td></td></tr>
<tr><td colspan="2"></td><td colspan="2"></td><td>后—前</td><td></td><td></td><td></td></tr>
<tr><td colspan="2"></td><td colspan="2"></td><td>h</td><td colspan="3"></td></tr>
<tr><td rowspan="4"></td><td colspan="2"></td><td colspan="2"></td><td>后</td><td></td><td></td><td></td><td rowspan="4"></td></tr>
<tr><td colspan="2"></td><td colspan="2"></td><td>前</td><td></td><td></td><td></td></tr>
<tr><td colspan="2"></td><td colspan="2"></td><td>后—前</td><td></td><td></td><td></td></tr>
<tr><td colspan="2"></td><td colspan="2"></td><td>h</td><td colspan="3"></td></tr>
</table>

实验报告十二　二等水准测量（数字）

日期：　　　　班级：　　　　组别：　　　　姓名：　　　　学号：

测站编号	后距	前距	方向及尺号	标尺读数		两次读数之差	备注
	视距差	累积视距差		第一次读数	第二次读数		

实验十三 数字地形测量

一、技能目标

(1)了解数字测图数据采集的作业过程。

(2)掌握用全站仪进行大比例尺地面数字测图数据采集的作业方法。

二、仪器与工具

(1)由仪器室借领:全站仪1套、棱镜1套、测伞1把、记录板1块。

(2)自备:铅笔、小刀、草稿纸。

三、实验方法与步骤

用全站仪进行数据采集可采用三维坐标测量方式。测量时,应有一位同学绘制草图。草图上须标注碎部点点号(与仪器中记录的点号对应)及属性。

(1)测量前的准备工作。

①电池的安装(注意:测量前电池需充足电)。

②仪器的安置。

a. 在实验场地上选择一点作为测站点,另外一点作为后视点。

b. 将全站仪安置于测站点,对中、整平。

c. 在棱镜安置于后视点,对中、整平。

(2)建立(打开)碎部点文件,测量的保存碎部点坐标将会保存在这里面。

(3)设置测站,输入测站点坐标,输入仪器高并记录。

(4)后视定向和定向检查,选择已知后视点或后视方位进行定向,并选择其他已经点进行定向检查。

(5)碎部测量,照准目标棱镜,按坐标测量键,全站仪开始测距并计算显示测点的三维坐标。各碎部点的三维坐标同时记录在全站仪内存中,注意棱镜高、点号和编码的正确性。

(6)归零检查,每站测量一定数量的碎部点后,应进行归零检查,归零差不得大于1′。

四、注意事项

(1)在作业前应做好准备工作,将全站仪的电池充足电。

(2)使用全站仪时,应严格遵守操作规程,注意爱护仪器。

(3)外业数据采集后,应及时将全站仪数据导出保存到计算机中并备份。

(4)控制点数据、数据传输和成图软件由指导教师提供。

(5)小组每个成员应轮流操作,掌握在一个测站上进行外业数据采集的方法。

(6)绘制草图的同学应注意草图上的注记应字头朝北。

五、上交资料

每人上交一份实验报告。

实验报告十三　数字地形测量数据记录表

日期：　　　　班级：　　　　组别：　　　　姓名：　　　　学号：

测站点	仪器高(m)	观测点	觇标高(m)	X(N)	Y(E)	Z(H)	备注
							观测： 记录：

第三节　常规测量仪器的检验与校正

实验十四　水准仪的检验与校正实习

一、技能目标

(1)认识微倾式水准仪的主要轴线及它们之间应具备的几何关系。
(2)基本掌握水准仪的检验和校正方法。

二、仪器与工具

(1)由仪器室借领:DS3 水准仪 1 台、水准尺 2 根、尺垫 2 个、校正针 1 根。
(2)自备:计算器、铅笔、小刀、草稿纸。

三、实验方法与步骤

1. 一般性检验

安置仪器后,首先检验:三脚架是否牢固;制动和微动螺旋、微倾螺旋、调焦螺旋、脚螺旋等是否有效;望远镜成像是否清晰等。同时了解水准仪各主要轴线及其相互关系。

2. 圆水准器轴平行于仪器竖轴的检验和校正

(1)检验:转动脚螺旋使圆水准器气泡居中,将仪器绕竖轴旋转 180°后,若气泡仍居中,则说明圆水准器轴平行于仪器竖轴;否则需要校正。

(2)校正:先稍松圆水准器底部中央的固紧螺丝,再拨动圆水准器的校正螺丝,使气泡返回偏离量的一半,然后转动脚螺旋使气泡居中。如此反复检校,直到圆水准器在任何位置时,气泡都在刻划圈内为止。最后旋紧固紧螺旋。

3. 十字丝横丝垂直于仪器竖轴的检验与校正

(1)检验:以十字丝横丝一端瞄准约 20m 处一细小目标点,转动水平微动螺旋,若横丝始终不离开目标点,则说明十字丝横丝垂直于仪器竖轴;否则需要校正。

(2)校正:旋下十字丝分划板护罩,用小螺丝刀松开十字丝分划板的固定螺丝,略微转动十字丝分划板,使转动水平微动螺旋时横丝不离开目标点。如此反复检校,直至满足要求。最后将固定螺丝旋紧,并旋上护罩。

4. 水准管轴与视准轴平行关系的检验与校正

(1)方法一

①检验。

a. 如图 2-15 所示,选择相距 75 ~ 100m、稳定且通视良好的两点 A、B,在 A、B 两点上各打一个木桩固定其点位。

b. 将水准仪置于距 A、B 两点等距离处的 I 位置,用变换仪器高度法测定 A、B 两点间的高差（两次高差之差不超过 3mm 时可取平均值作为正确高差 h_{AB}）。

$$h_{AB}=\frac{a_1'-b_1'+a_1''-b_1''}{2} \tag{2-10}$$

c. 再把水准仪置于离 A 点 3 ~ 5m 的 II 位置，精平仪器后读取近尺 A 上的读数 a_2。

d. 计算远尺 B 上的正确读数值 b_2'。

$$b_2'=a_2-h_{AB} \tag{2-11}$$

e. 照准远尺 B，旋转微倾螺旋，将水准仪视准轴对准 B 尺上的 b_2 读数，这时，如果水准管气泡居中（符合气泡影像符合），则说明视准轴与水准管轴平行；否则应进行校正。

②校正。

a. 重新旋转水准仪微倾螺旋，使视准轴对准 B 尺读数 b_2，这时水准管符合气泡影像错开，即水准管气泡不居中。

b. 用校正针先松开水准管左右校正螺丝，再拨动上下两个校正螺丝，注意要先松上（下）边的螺丝，再紧下（上）边的螺丝，直到使符合气泡影像符合为止。此项工作要重复进行几次，直到符合要求为止。

(2) 方法二

①检验。

a. 如图 2-16 所示，选择相距 75 ~ 100m、稳定且通视良好的两点 A、B，在 A、B 两点上各打一个木桩固定其点位。

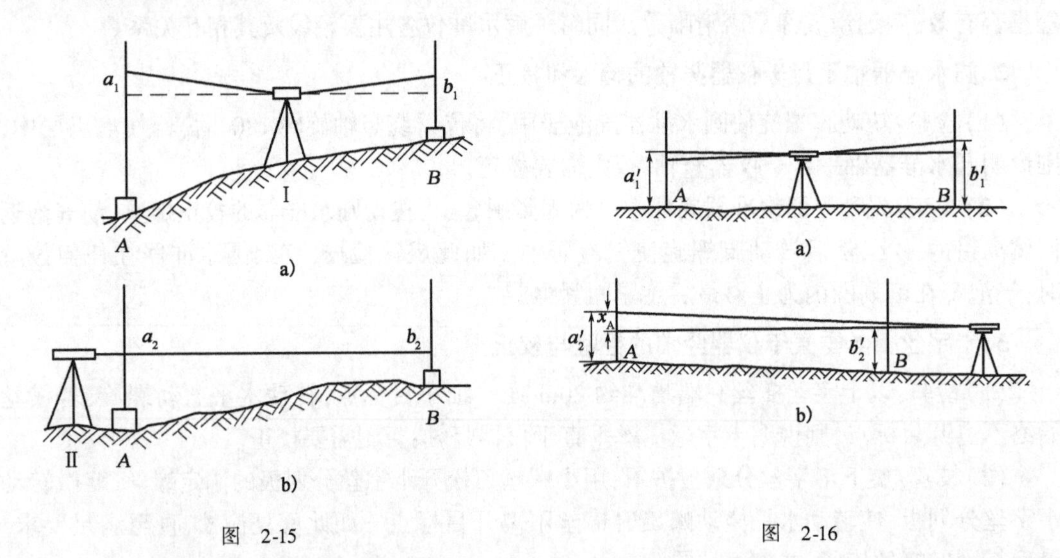

图 2-15　　图 2-16

b. 将水准仪置于距 A、B 两点等距离处的位置，如图 2-16a）所示，水准仪距水准尺距离分别为 S_A'、S_B'，测定 A、B 两点间的高差 h_{AB}'。

c. 再把水准仪置于离 B 点 3 ~ 5m 的 I 位置，如图 2-16b）所示，水准仪距水准尺距离分别为 S_A''，S_B''，测定 A、B 两点间的高差 h_{AB}''。

d. 计算 i 角。

$$i=\frac{h_{AB}''-h_{AB}'}{(S_A''-S_B'')-(S_A'-S_B')}\cdot\rho \tag{2-12}$$

$$S'_A = S'_B$$

$$i = \frac{h''_{AB} - h'_{AB}}{S''_A - S''_B} \cdot \rho \tag{2-13}$$

水准测量规范规定：用于一、二等水准测量的仪器 i 角不得大于15″；用于三、四等水准测量的仪器 i 角不得大于20″，否则应进行校正。

由于 A 点距仪器最远，i 角在读数上的影响最大。此时 i 角的读数影响为：

$$x_A = \frac{i}{\rho} \cdot S''_A \tag{2-14}$$

②校正。

a. 仪器在 B 点一端不动，计算 A 点标尺的正确读数 a'_2：

$$a'_2 = a_2 - x_A \tag{2-15}$$

b. 用微倾螺旋使读数对准 a'_2，这时水准管气泡将不居中，调节上、下两个校正螺丝时气泡居中。实际操作时，需先将左（或右）边的螺丝略微松开一些，使水准管能够活动，然后再校正上、下螺丝，校正后仍应将左（或右）边的螺丝旋紧。检验校正应反复进行，直到符合要求为止。

四、注意事项

（1）水准仪的检验和校正过程要认真细心，不能马虎。原始数据不得涂改。

（2）校正螺丝都比较精细，在拨动螺丝时要"慢、稳、均"。

（3）各项检验和校正的顺序不能颠倒，在检校过程中同时填写实验报告。

（4）各项检校都需要重复进行，直到符合要求为止。

（5）100m长的视距，一般要求是检验远尺的读数与计算值之差不大于3～5mm。

（6）每项检校完毕都要拧紧各个校正螺丝，上好护盖，以防脱落。

（7）在对水准管轴与视准轴是否平行的检校中，采用两种方法测定 i 角值，以检核观测的正确性。

（8）校正后，应再做一次检验，看其是否符合要求。

（9）本次实验要求学生只进行检验，如若校正，应在指导教师直接指导下进行。

五、上交资料

每人上交一份实验报告。

实验报告十四　微倾式水准仪的检验与校正

日期：　　　　班级：　　　　组别：　　　　姓名：　　　　学号：

1. 一般性检验结果是：三脚架＿＿＿＿＿＿＿＿制动与微动螺旋＿＿＿＿＿＿，微倾螺旋＿＿＿＿＿＿＿＿，调焦螺旋＿＿＿＿＿＿，脚螺旋＿＿＿＿＿＿＿＿，望远镜成像＿＿＿＿＿。

2. 水准仪的主要轴线有＿＿＿＿＿＿＿＿，它们之间正确的几何关系是＿＿＿＿＿＿＿＿＿＿＿＿＿＿＿＿。

3. 在对圆水准器轴与仪器竖轴是否平行的检校过程中，请用虚圆圈绘出下列情况下的气泡位置：a）仪器整平后；b）仪器转 180°后；c）校正时，用＿＿＿＿＿＿校正气泡偏离量的＿＿＿＿＿＿后；d）用＿＿＿＿＿＿＿＿调整气泡偏离量的＿＿＿＿＿＿；e）仪器转 180°再检验。

a)　　b)　　c)　　d)　　e)

4. 在对十字丝横丝与仪器竖轴是否垂直的检校过程中，请在下图中绘出十字丝横丝与目标点的位置关系。

5. 对水准管轴与视准轴是否平行的检校记录(方法一)。

仪器位置	项目	第一次	第二次	高差均值
在 A、B 两点中间置仪器测高差	后视 A 点尺上读数 a_1			
	前视 B 点尺上读数 b_1			
	$h_{AB}=a_1-b_1$			
在 A 点附近置仪器进行检校	A 点尺上读数 a_2			
	B 点尺上读数 b_2			
	计算 $b_2'=a_2-h_{AB}$			
	偏差值 $\Delta b=b_2-b_2'$			
	i 角值 $=\rho\times\Delta b/S_A'$			
	是否需校正			
描述校正方法				

续上表

<table>
<tr><td colspan="6">6. 对水准管轴与视准轴是否平行的检校记录(方法二)。</td></tr>
<tr><td>仪器位置</td><td>A 点尺上读数 a_1</td><td>B 点尺上读数 b_1</td><td>高差 h_{AB}</td><td colspan="2">i 角值</td></tr>
<tr><td>在 A、B 两点中间放置</td><td></td><td></td><td></td><td colspan="2"></td></tr>
<tr><td rowspan="2">在 B 点附近放置</td><td>A 点尺上读数 a_2</td><td>B 点尺上读数 b_2</td><td>高差 h_{AB}</td><td>x_A</td><td>A 点尺正确读数 a_2'</td></tr>
<tr><td></td><td></td><td></td><td></td><td></td></tr>
<tr><td>是否需校正</td><td></td><td colspan="4"></td></tr>
<tr><td>描述校正方法</td><td colspan="5"></td></tr>
</table>

实验十五　光学经纬仪的检验和校正

一、技能目标

(1)认识光学经纬仪的主要轴线及它们之间应具备的几何关系。

(2)熟悉光学经纬仪的检验与校正方法。

二、仪器与工具

(1)由仪器室借领:DJ_6 经纬仪 1 台、记录板 1 块、测伞 1 把、螺丝刀 1 把、校正针 1 根。

(2)自备:计算器、铅笔、小刀、草稿纸。

三、实验方法与步骤

(1)指导教师讲解各项检校的过程及操作要领。

(2)照准部水准管轴垂直于仪器竖轴的检验与校正。

①检验方法。

a. 先将经纬仪严格整平。

b. 转动照准部,使水准管与三个脚螺旋中的任意一对平行,转动脚螺旋使气泡严格居中。

c. 再将照准部旋转 180°,此时,如果气泡仍居中,说明该条件能够满足。若气泡偏离中央零点位置,则需进行校正。

②校正方法。

a. 先旋转这一对脚螺旋,使气泡向中央零点位置移动偏离格数的一半。

b. 用校正针拨动水准管一端的校正螺丝,使气泡居中。

c. 再次将仪器严格整平后进行检验,如需校正,仍用 a、b 两步骤所述方法进行校正。

d. 反复进行数次,直到气泡居中后再转动照准部,气泡偏离在半格以内,可不再校正。

(3)十字丝竖丝的检验与校正。

①检验方法。

整平仪器后,用十字丝竖丝的最上端照准一明显固定点,固定照准部制动螺旋和望远镜制动螺旋,然后转动望远镜微动螺旋,使望远镜上下微动,如果该固定点目标不离开竖丝,说明此条件满足,否则需要校正。

②校正方法。

a. 旋下望远镜目镜端十字丝环护罩,用螺丝刀松开十字丝环的每个固定螺丝。

b. 轻轻转动十字丝环,使竖丝处于竖直位置。

c. 调整完毕后务必拧紧十字丝环的四个固定螺丝,安装好十字丝环护罩。

此项检验、校正也可以采用与水准仪横丝检校同样的方法,或采用悬挂垂球使竖丝与垂球线重合的方法进行。

(4)视准轴的检验与校正。

①盘左盘右读数法。

检验方法：

a. 选与视准轴大致处于同一水平线上的一点作为照准目标，安置好仪器后，盘左位置照准此目标并读取水平度盘读数，记作 $\alpha_{左}$。

b. 再以盘右位置照准此目标，读取水平盘读数，记作 $\alpha_{右}$。

c. 如 $\alpha_{左}=\alpha_{右}\pm180°$，则此项条件满足。如果 $\alpha_{左}\neq\alpha_{右}\pm180°$，则说明视准轴与仪器横轴不垂直，存在视准差 C，即 $2C$ 误差。若 C 的绝对值，对于 DJ_2 经纬仪不超过 8″，对于 DJ_6 经纬仪不超过 10″，则认为视准轴垂直于横轴的条件得到满足，否则应进行校正。$2C$ 误差的计算公式如下：

$$C=\frac{1}{2}[\alpha_{左}-(\alpha_{右}\pm180°)]$$

或

$$2C=\alpha_{左}-(\alpha_{右}\pm180°) \tag{2-16}$$

校正方法：

a. 仪器仍处于盘右位置不动，以盘右位置读数为准，计算两次读数的平均值 α 作为正确读数，即：

$$\alpha=\frac{\alpha_{左}+(\alpha_{右}\pm180°)}{2} \tag{2-17}$$

或用 $\alpha=\alpha_{左}-C$ 或 $\alpha=\alpha_{右}+C$ 计算 α 的正确读数。

b. 转动照准部微动螺旋，使水平度盘指标在正确读数 α 上，这时，十字丝交点偏离了原目标。

c. 旋下望远镜目镜端的十字丝护罩，松开十字丝环上、下校正螺丝，拨动十字丝环左右两个校正螺丝，先松左(右)边的校正螺丝，再紧右(左)边的校正螺丝，使十字丝交点回到原目标，即使视准轴与仪器横轴相垂直。

d. 调整完后务必拧紧十字丝环上、下两校正螺丝，上好望远镜目镜护罩。

②横尺法(即四分之一法)。

检验方法：

a. 选一平坦场地安置经纬仪，后视点 A 和前视点 B 与经纬仪站点 O 的距离各为 20.626m，如图 2-17 所示。在前视 B 点上横放一刻有毫米分画的小尺，使小尺垂直于视线 OB，并尽量与仪器同高。

b. 盘左位置照准后视点 A，倒转望远镜在前视 B 点尺上读数，得 B_1。

c. 盘右位置照准后视点 A，倒转望远镜在前视 B 点尺上读数，得 B_2。

d. 若 B_1 和 B_2 两点重合，说明视准轴与横轴垂直，否则先计算 C 值。

$$C=\frac{B_1B_2}{4S}\rho'' \qquad (\rho''=206\,265'') \tag{2-18}$$

式中，S 为仪器到标尺的距离。若 C 值超限，应进行校正。

校正方法：

a. 求得 B_1 和 B_2 之间距离后，计算 B_2B_3，即 $B_2B_3=B_1B_2/4$。

b. 用拨针拨动十字丝环左右两个校正螺丝，先松左(右)边的校正螺丝，再紧右(左)边的校正螺丝，直到十字交点与 B_3 点重合为止。

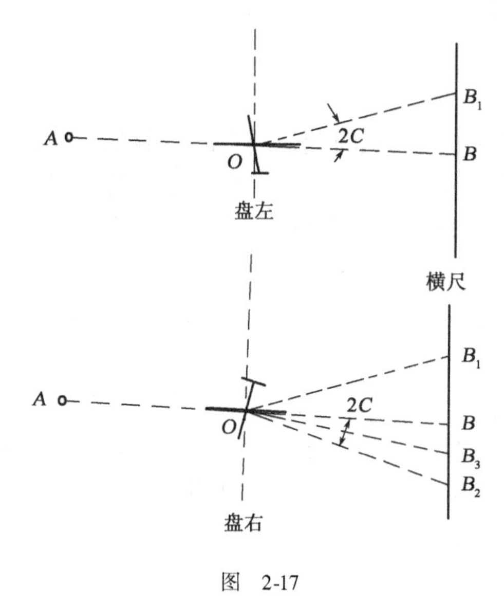

图 2-17

c. 调整完后务必拧紧十字丝环上、下两校正螺丝，安装好望远镜目镜护罩。

(5)横轴的检验与校正。

①检验方法。

a. 将仪器安置在有一个清晰高目标的墙的附近(望远镜仰角最好为30°左右)，视准面与墙面大致垂直，如图2-18所示。盘左位置照准目标 M，拧紧水平制动螺旋后，将望远镜放到水平位置，在墙上(或横放的尺子上)标出 m_1 点。

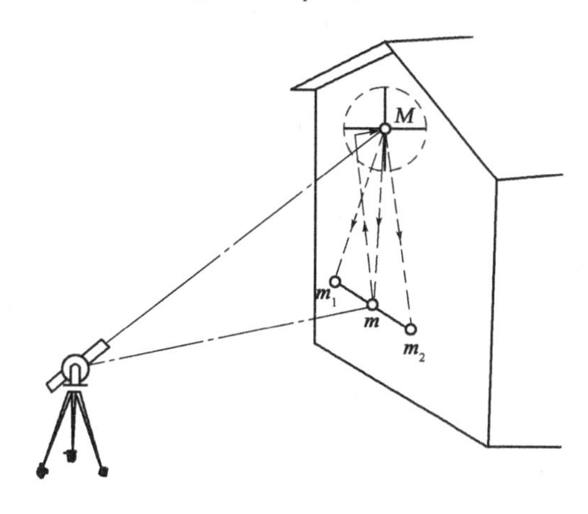

图 2-18

b. 盘右位置仍照准高目标 M，放平望远镜，在墙上(或横放的尺子上)标出 m_2 点。

若 m_1 与 m_2 两点重合，说明望远镜横轴垂直仪器竖轴，否则说明横轴与竖轴不垂直，此时横轴将倾斜一个 i 角，

$$i = \frac{m_1 m_2}{Mm} \cdot \frac{1}{2} \cdot \rho'' \tag{2-19}$$

对于 DJ_2 经纬仪，如果 i 角不超过15″；对于 DJ_6 经纬仪，如果 i 角不超过20″，则认为横

轴垂直于竖轴的条件得到满足,可不校正,否则应进行校正。

②校正方法。

a. 由于盘左和盘右两个位置的投影各向不同方向倾斜,而且倾斜的角度是相等的,取 m_1 与 m_2 的中点 m,即高目标点 M 的正确投影位置。得到 m 点后,用微动螺旋使望远镜照准 m 点,再仰起望远镜看高目标点 M,此时十字丝交点将偏离 M 点。

b. 打开横轴一端的护盖,调整支承横轴的偏心轴环,抬高或降低横轴一端,直至交点瞄准 M 点。此项校正一般应送仪器组专修。

(6)竖盘指标水准管的检验与校正。

①检验方法。

a. 安置好仪器后,盘左位置照准某一高处目标(仰角大于 30°),用竖盘指标水准管微动螺旋使水准管气泡居中,读取竖直度盘读数,并根据实验九所述的方法,求出其竖直角 $\alpha_{左}$。

b. 再以盘右位置照准此目标,用同样方法求出其竖直角 $\alpha_{右}$。

c. 若 $\alpha_{左} \neq \alpha_{右}$,说明有指标差,应进行校正。

②校正方法。

a. 计算出正确的竖直角 α:

$$\alpha = \frac{1}{2}(\alpha_{左} + \alpha_{右}) \tag{2-20}$$

b. 仪器仍处于盘右位置不动,不改变望远镜所照准的目标,再根据正确的竖直角 α 和竖直度盘注记特点求出盘右时竖直度盘的正确读数值,并用竖直指标水准管微动螺旋使竖直度盘指标对准正确读数值,这时,竖盘指标水准管气泡不再居中。

c. 用拨针拨动竖盘指标水准管上、下校正螺丝,使气泡居中,即消除了指标差,达到了检校的目的。

对于有竖盘指标自动归零补偿装置的经纬仪,其指标差的检验与校正方法如下:

①检验方法。

经纬仪整平后,对同一高度的目标进行盘左、盘右观测,若盘左位置读数为 L,盘右位置读数为 R,则指标差 X 按下式计算:

$$X = \frac{(L + R) - 360°}{2} \tag{2-21}$$

若 X 的绝对值大于 30″,则应进行校正。

②校正方法。

取下竖盘立面仪器外壳上的盖板,可见到两个带孔螺钉,松开其中一个螺钉,拧紧另一个螺钉,使垂直光路中一块平板玻璃产生转动,从而达到校正的目的。仪器校正完毕后应检查校正螺钉是否紧固可靠,以防脱落。

(7)光学对点器的检验与校正。

目的:使光学垂线与竖轴重合。

①检验方法。

安置经纬仪于脚架上,移动放置在脚架中央地面上标有 a 点的白纸,使十字丝中心与 a 点重合。转动仪器 180°,再看十字丝中心是否与地面上的 a 目标重合,若不重合则需要校正。

②校正方法。

仪器类型不同,校正的部位不同,但总的来说有以下两种校正方式:

a. 校正转向直角棱镜。该棱镜在左右支架间用护盖盖着,校正时用校正螺丝调节偏离量的一半即可。

b. 校正光学对点器目镜十字丝分划板。调节分划板校正螺丝,使十字丝退回偏离值的一半,即可达到校正的目的。

四、注意事项

(1)经纬仪检校是很精细的工作,必须认真对待。

(2)发现问题及时向指导教师汇报,不得自行处理。

(3)各项检校顺序不能颠倒。在检校过程中要同时填写实验报告。

(4)检校完毕,要将各个校正螺丝拧紧,以防脱落。

(5)每项检校都需重复进行,直到符合要求。

(6)校正后应再做一次检验,看其是否符合要求。

(7)本次实验只作检验,校正应在指导教师指导下进行。

五、上交资料

每人上交一份实验报告。

实验报告十五　经纬仪的检验校正

日期：　　　　班级：　　　　组别：　　　　姓名：　　　　学号：

1. 一般性检验结果是：三脚架________，水平制动与微动螺旋________，望远镜制动与微动螺旋________，照准部转动________，望远镜转动________，望远镜成像________，脚螺旋________。

2. 经纬仪的主要轴线有________，它们之间正确的几何关系是________________。

3. 水准管轴的检验	水准管平行一对脚螺旋时气泡位置图	照准部旋转 180°后气泡位置图	照准部旋转 180°后气泡应有的正确位置图	是否需校正

4. 十字丝纵丝的检验	检验开始时望远镜视场图	检验终了时望远镜视场图	正确的望远镜视场图	是否需校正

<table>
<tr><td rowspan="6">5. 视准轴的检验</td><td rowspan="6">盘左盘右读数法</td><td>仪器安置点</td><td>目标</td><td>盘位</td><td>水平度盘读数</td></tr>
<tr><td rowspan="2">A</td><td rowspan="2">G</td><td>左</td><td></td></tr>
<tr><td>右</td><td></td></tr>
<tr><td rowspan="2">检验</td><td colspan="2">计算 2C =左 − (右 ±180°)</td><td></td></tr>
<tr><td colspan="2">是否需要校正</td><td></td></tr>
</table>

续上表

<table>
<tr><td rowspan="4">6. 横轴的检验</td><td>仪器安置点</td><td colspan="2">m_1m_2</td><td colspan="2">Mm</td></tr>
<tr><td>A
（竖直角大于30°）</td><td colspan="2">$m_1m_2 =$</td><td colspan="2">$Mm =$</td></tr>
<tr><td rowspan="2">检验</td><td colspan="3">计算 $i =$</td><td></td></tr>
<tr><td colspan="3">是否需要校正</td><td></td></tr>
<tr><td rowspan="5">7. 竖盘指标差检验</td><td>仪器安置点</td><td>目标</td><td>盘位</td><td>竖盘读数</td><td>竖直角</td></tr>
<tr><td rowspan="2">A</td><td rowspan="2">G</td><td>左</td><td></td><td></td></tr>
<tr><td>右</td><td></td><td></td></tr>
<tr><td rowspan="2">检验</td><td colspan="3">计算指标差</td><td></td></tr>
<tr><td colspan="3">是否需校正</td><td></td></tr>
<tr><td rowspan="5">8. 校正方法简述</td><td>水准管轴</td><td colspan="4"></td></tr>
<tr><td>十字丝纵丝</td><td colspan="4"></td></tr>
<tr><td>视准轴</td><td>盘左盘右法</td><td colspan="3"></td></tr>
<tr><td>横轴</td><td colspan="4"></td></tr>
<tr><td>指标差</td><td colspan="4"></td></tr>
</table>

实验十六 全站仪的检验和校正

一、技能目标

(1)认识全站仪的主要轴线及它们之间应具备的几何关系。
(2)熟悉全站仪的检验与校正方法。

二、仪器与工具

(1)由仪器室借领:全站仪 1 台、记录板 1 块、测伞 1 把、螺丝刀 1 把、校正针 1 根。
(2)自备:计算器、铅笔、小刀、草稿纸。

三、实验方法与步骤

(1)指导教师讲解各项检校的过程及操作要领。
(2)管水准器的检验与校正。
①检验。
a. 将仪器安放于较稳定的装置上(三脚架或仪器校正台),并固定仪器,将仪器大致整平。
b. 松开水平制动螺旋,转动照准部,使水准管与三个脚螺旋中的任意一对平行,转动脚螺旋使气泡严格居中。
c. 再将照准部旋转 180°,观察水准管器的气泡异动情况。此时,如果气泡仍居中,说明该条件能够满足,无须校正。若气泡偏离中央零点位置,移出允许范围,则需进行校正。
②校正。
a. 在检验时,若管水准器的气泡偏离了中心,先旋转与管水准器平行的这一对脚螺旋,使气泡向中央零点位置移动近一半的偏离量。
b. 用校正针拨动水准管一端的校正螺丝,使气泡居中。
检验校正需要重复进行,直至仪器用管水准器的气泡精确整平后转动到任何位置,气泡都能处于管水准器的中心。
(3)圆水准器的检验与校正。
①检验。
管水准器检校正确后,如果圆水准器气泡居中,就不必校正。如果气泡移出范围,则需进行调整。
②校正。
用管水准器将仪器精确整平,若气泡不居中,用校正针调整气泡下方的校正螺丝使气泡居中。校正时,应先松开气泡偏移方向对面的校正螺丝(1 或 2 个),然后拧紧偏移方向的其余校正螺丝使气泡居中。气泡居中时,三个校正螺丝的紧固力均应一致。
用校正针调整两个校正螺钉时,用力不能过大,两螺钉的松紧程度相当。
(4)望远镜粗瞄准器的检查和校正。
①检验。

a. 将仪器安放在三脚架上并固定好。

b. 将一十字标志安放在离仪器 50m 处。

c. 将仪器望远镜照准十字标志。

d. 观察粗瞄准器是否也照准十字标志，如果也照准，则无须校正；如果有偏移，则需进行调整。

②校正。

松开粗瞄准器的两个固定螺钉，调整粗瞄准器到正确位置，并固紧两个固定螺钉。

(5) 十字丝竖丝的检验与校正。

①检验。

a. 仪器精确整平仪器，在距仪器 50m 远处设置一点 A。

b. 用十字丝竖丝的最上端照准一明显固定点 A，固定照准部制动螺旋和望远镜制动螺旋，然后转动望远镜微动螺旋，使望远镜上下微动。

c. 如果该固定点目标不离开竖丝，沿十字丝的竖丝移动，说明此条件满足，无须校正，否则需要校正。

②校正。

采用全站仪的电子校正程序。具体校正方法可参见相关全站仪操作手册。

(6) 视准轴垂直于横轴的检验与校正。

①检验。

a. 选与视准轴大致处于同一水平线上的远处一点作为照准目标，安置好仪器，打开电源。

b. 盘左位置照准此目标并读取水平度盘读数，记作 $\alpha_{左}$。

c. 再以盘右位置照准此目标，读取水平盘读数，记作 $\alpha_{右}$。

d. 如 $\alpha_{左}=\alpha_{右}\pm180°$，则此项条件满足。如果 $\alpha_{左}\neq\alpha_{右}\pm180°$，则说明视准轴与仪器横轴不垂直，存在视准差 C。若 C 绝对值，不超过 8″，则无须校正；否则应进行校正。$2C$ 误差的计算公式见式(2-16)。

②校正。

采用全站仪的电子校正程序。具体校正方法可参见相关全站仪操作手册。

(7) 横轴误差的检验与校正。

①检验。

a. 将仪器安置在有一个清晰高目标的墙的附近(望远镜仰角最好为 30°左右)，视准面与墙面大致垂直，如图 2-18 所示。盘左位置照准目标 M，拧紧水平制动螺旋后，将望远镜放到水平位置，在墙上(或横放的尺子上)标出 m_1 点。

b. 盘右位置仍照准高目标 M，放平望远镜，在墙上(或横放的尺子上)标出 m_2 点。若 m_1 与 m_2 两点重合，说明望远镜横轴垂直仪器竖轴，否则说明横轴与竖轴不垂直，此时横轴将倾斜一个 i 角，i 角的计算公式见式(2-19)。

如果 i 角不超过 15″，则认为横轴垂直于竖轴的条件得到满足，可不校正，否则需进行校正。

②校正。

采用全站仪的电子校正程序。具体校正方法可参见相关全站仪操作手册。

(8) 竖盘指标零点自动补偿检验。

①检验。

a. 安置和整平仪器后，使望远镜的指向和仪器中心与任一脚螺旋 X 的连线相一致，旋紧水平制动螺旋。

b. 开机后指示竖盘指标归零，旋紧垂直制动手轮，仪器显示当前望远镜指向的竖角值。

c. 朝一个方向慢慢转动脚螺旋 X 至 10mm 圆周距左右时，显示的竖角由相应随着变化到消失出现“补偿超出”信息，表示仪器竖轴倾斜已大于3′，超出竖盘补偿器的设计范围。当反向旋转脚螺旋复原时，仪器又复现竖直角，在临界位置可反复试验观其变化，表示竖盘补偿器工作正常。

②校正。

采用全站仪的电子校正程序。具体校正方法可参见相关全站仪操作手册。

(9)竖盘指标差和竖盘指标零点设置的检验和校正。

①检验。

a. 安置仪器、精密整平并开机。

b. 盘左瞄准一清晰目标点 A，盘左位置竖盘读数为 L；盘右瞄准目标点 A，盘右位置竖盘读数为 R，则指标差 X 按式(2-21)计算。

若 X 的绝对值大于 15″，则应进行校正。

②校正。

采用全站仪的电子校正程序。具体校正方法可参见相关全站仪操作手册。

(10)光学对点器的检验与校正。

目的：使光学垂线与竖轴重合。

①检验。

a. 安置全站仪于脚架上，移动放置在脚架中央地面上标有 a 点的白纸，使十字丝中心与 a 点重合。

b. 转动仪器 180°，再看十字丝中心是否与地面上的 a 目标重合，若重合条件满足，否则需要校正。

②校正。

打开光学对中器望远镜目镜端的护罩，可以看见四颗校正螺丝，调节校正螺丝，使十字丝退回偏离值的一半，即可达到校正的目的，再次旋转照准部已检查是否达到要求。

四、注意事项

(1)经纬仪检校是很精细的工作，必须认真对待。

(2)发现问题及时向指导教师汇报，不得自行处理。

(3)各项检校顺序不能颠倒。在检校过程中要同时填写实验报告。

(4)检校完毕，要将各个校正螺丝拧紧，以防脱落。

(5)每项检校都需重复进行，直到符合要求。

(6)校正后应再作一次检验，看其是否符合要求。

(7)本次实验只作检验，校正应在指导教师指导下进行。

五、上交资料

每人上交一份实验报告。

实验报告十六　全站仪的检验校正

日期：　　　　班级：　　　　组别：　　　　姓名：　　　　学号：

	水准管平行一对脚螺旋时气泡位置图	照准部旋转 180°后气泡位置图	照准部旋转 180°后气泡应有的正确位置图	是否需校正
1. 管水准器的检验				

	管水准器气泡居中时，圆水准器气泡位置	是否需校正
2. 圆水准器的检验		

	望远镜十字丝与十字标志视场图	粗瞄准器与十字标志视场图	是否需校正
3. 望远镜粗瞄准器的检验			

	检验开始时望远镜视场图	检验终了时望远镜视场图	正确的望远镜视场图	是否需校正
4. 十字丝竖丝的检验				

续上表

<table>
<tr><td rowspan="5">5. 视准轴的检验</td><td>仪器安置点</td><td>目标</td><td>盘位</td><td colspan="2">水平度盘读数</td></tr>
<tr><td rowspan="2">A</td><td rowspan="2">G</td><td>左</td><td colspan="2"></td></tr>
<tr><td>右</td><td colspan="2"></td></tr>
<tr><td rowspan="2">检验</td><td colspan="3">计算 $2C$ =左 -（右 ±180°）</td><td></td></tr>
<tr><td colspan="3">是否需要校正</td><td></td></tr>
<tr><td rowspan="4">6. 横轴的检验</td><td>仪器安置点</td><td colspan="2">m_1m_2</td><td colspan="2">Mm</td></tr>
<tr><td>A</td><td colspan="2">m_1m_2 =</td><td colspan="2">Mm =</td></tr>
<tr><td rowspan="2">检验</td><td colspan="3">计算 i =</td><td></td></tr>
<tr><td colspan="3">是否需要校正</td><td></td></tr>
<tr><td rowspan="5">7. 竖盘指标差检验</td><td>仪器安置点</td><td>目标</td><td>盘位</td><td>竖盘读数</td><td>竖直角</td></tr>
<tr><td rowspan="2">A</td><td rowspan="2">G</td><td>左</td><td></td><td></td></tr>
<tr><td>右</td><td></td><td></td></tr>
<tr><td rowspan="2">检验</td><td colspan="3">计算指标差</td><td></td></tr>
<tr><td colspan="3">是否需校正</td><td></td></tr>
<tr><td rowspan="7">8. 校正方法简述</td><td>水准管轴</td><td colspan="4"></td></tr>
<tr><td>圆水准轴</td><td colspan="4"></td></tr>
<tr><td>望远镜粗瞄准器</td><td colspan="4"></td></tr>
<tr><td>十字丝竖丝</td><td colspan="4"></td></tr>
<tr><td>视准轴</td><td colspan="4"></td></tr>
<tr><td>横轴</td><td colspan="4"></td></tr>
<tr><td>竖盘指标差</td><td colspan="4"></td></tr>
</table>

实验十七 光电测距仪加常数的检验

一、技能目标

掌握测距仪加常数的检验方法。

二、仪器与工具

(1)由仪器室借领:全站仪1套、棱镜1套、测伞1把、记录板1块。
(2)自备:铅笔、小刀、草稿纸。

三、实验方法与步骤

1. 加常数简易测定

(1)在通视良好且平坦坚固的场地上,设置 A、B 两点,AB 长约200m,定出中点 C,如图2-19所示。分别在 A、B、C 三点安置三角架和基座,高度大致相等且严格对中。

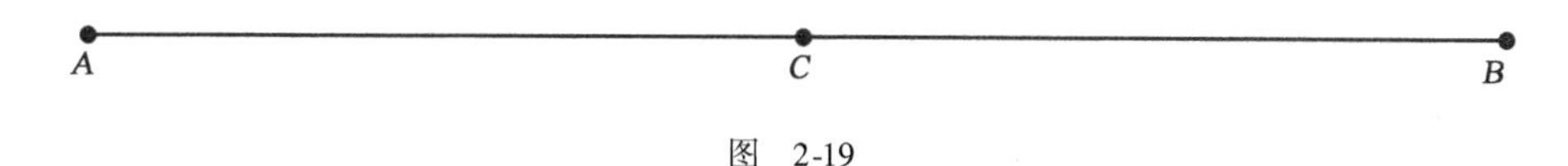

图 2-19

(2)测距仪依次安置在 A、C、B 三点上测距,观测时使用同一反射棱镜,测距仪分别测量距离 D_{AC}、D_{AB};D_{CA}、D_{CB};D_{BA}、D_{BC}。
(3)分别计算 D_{AB}、D_{AC}、D_{CB}的平均值,依下式计算加常数。

$$K = D_{AC} + D_{CB} - D_{AB} \tag{2-22}$$

以上方法适用于经常性的检测,但求出的加常数精度较低。

2. 三段法

在长60~100m的直线段上取三段,并设置 A、B、C、D 四个强制对中测量点,A、B、C、D 四点偏离该直线的距离不得大于1mm,如图2-20所示。往返测量各点间距离。

A B C D

图 2-20

加常数计算,取四个加常数的平均值:

$$K_1 = D_{AB} + D_{BC} - D_{AC}$$
$$K_2 = D_{AC} + D_{CD} - D_{AD}$$
$$K_3 = D_{AB} + D_{BD} - D_{AD}$$
$$K_4 = D_{BC} + D_{CD} - D_{BD}$$

加常数:

$$K = \frac{K_1 + K_2 + K_3 + K_4}{4} \tag{2-23}$$

四、注意事项

(1)加常数和乘常数检验时应采用同一反射棱镜。

(2)尽量选择良好的观测条件进行常数的检验,以减弱温度、大气折射对检验结果的影响。

五、上交资料

每人上交一份实验报告。由于测量作业的集体观念很强,需要全组人员的互相合作,密切配合才能完成,所以在实验过程中,本组同学应该相互体谅。

实验报告十七 光电测距仪加常数的检验

日期： 班级： 组别： 姓名： 学号：

检验项目	加 常 数
加常数简易测定法	1. 测距仪置 A 点时测量距离 $D_{AC}=$ $D_{AB}=$ 2. 测距仪置 C 点时测量距离 $D_{CA}=$ $D_{CB}=$ 3. 测距仪置 B 点时测量距离 $D_{BA}=$ $D_{BC}=$ 4. 计算 D_{AB}、D_{AC}、D_{CB}的平均值$\overline{D}_{AB}$、$\overline{D}_{AC}$、$\overline{D}_{CB}$ 加常数为：$K=\overline{D}_{AC}+\overline{D}_{CB}-\overline{D}_{AB}=$
三段法	1. 测距仪置 A 点时测量距离 $D_{AB}=$ $D_{AC}=$ $D_{AD}=$ 2. 测距仪置 B 点时测量距离 $D_{BA}=$ $D_{BC}=$ $D_{BD}=$ 3. 测距仪置 C 点时测量距离 $D_{CA}=$ $D_{CB}=$ $D_{CD}=$ 4. 测距仪置 D 点时测量距离 $D_{DA}=$ $D_{DB}=$ $D_{DC}=$ 5. 计算 D_{AB}、D_{AC}、D_{AD}、D_{BC}、D_{BD}、D_{CD}的平均值$\overline{D}_{AB}$、$\overline{D}_{AC}$、$\overline{D}_{AD}$、$\overline{D}_{BC}$、$\overline{D}_{BD}$、$\overline{D}_{CD}$ 6. 计算 K_1、K_2、K_3、K_4 $K_1=\overline{D}_{AB}+\overline{D}_{BC}-\overline{D}_{AC}=$ $K_2=\overline{D}_{AC}+\overline{D}_{CD}-\overline{D}_{AD}=$ $K_3=\overline{D}_{AB}+\overline{D}_{BD}-\overline{D}_{AD}=$ $K_4=\overline{D}_{BC}+\overline{D}_{CD}-\overline{D}_{BD}=$ 加常数为：$K=\dfrac{K_1+K_2+K_3+K_4}{4}=$

第三章　数字地形测量综合实习

数字地形测量实习对掌握地形测量学的基本理论、基本知识、基本技能，建立控制测量和地形图测绘的完整概念是非常必要的。它是在学习数字地形测量课程理论知识及实验的基础上，在确定的实习地点和某一段时间内集中进行的综合性测量实践教学活动。

通过实习达到以下要求：

(1)巩固和加深课堂所学理论知识，培养学生理论联系实际、实际动手能力，帮助学生形成良好的团队协作意识和个人责任感。

(2)熟练掌握常用测量仪器(水准仪、全站仪)的使用。

(3)掌握导线测量、三角高程测量、三四等水准测量的观测和计算方法。

(4)熟练掌握全站仪的使用。

(5)了解数字地形测量的基本要求和成图过程。

(6)掌握小地区大比例尺地形图的成图过程与测绘方法。

(7)培养学生有创造性地发现问题、分析问题、解决实际问题的专业技能，养成学生认真、细致、准确的业务作风和专业素质。

数字地形测量实习分为控制测量和数字测图两部分。共 5 周时间，可以分两次进行。实习任务如下：

(1)控制测量：实习时间 2 周。

①全站仪的加常数、竖直角指标差检验和其他常规性检验。

②水准仪 i 角检验及其他常规检验。

③城市二级导线测量(全站仪三维导线)。

④四等水准测量。

(2)数字测图：实习时间 3 周。

以控制测量实习所布设的控制网为基础，利用数字成图软件，绘制符合成图规范要求的 1∶500 的数字地形图。

第一节　数字地形测量实习的准备工作

一、测区准备

测区的准备一般在数字测图实习之前由教师先行实施。如果是结合生产任务的实习，由教师确认测区是否满足数字测图实习的要求，并与生产单位签订实习协议书。

测区确定后，由教师带领学生进行测区首级控制的选点工作，并由教师提供起始测量数据。

二、实习动员

实习正式开始前，应进行全面动员，对各项工作都必须做系统、充分的安排。实习动员由专业负责人或课程负责人主持，以大会的形式实施动员。动员的目的包括：

(1)在思想认识上让学生明确实习的重要性和必要性，指出实习注意事项，特别是人身和仪器设备的安全警示。

(2)提出实习的任务和计划并布置任务，宣布实习组织结构，分组名单，让学生明确这次实习的任务和安排。

(3)对实习的纪律做出要求，明确请假制度，清楚作息时间，建立考核制度，说明仪器、工具的借领方法和损坏赔偿规定。

三、实习仪器和工具的准备

由实习指导教师带领各小组向实验室提出借领仪器的要求，填写借领仪器清单，借领仪器后，首先应认真对照清单仔细清点仪器和工具的数量，对仪器进行检查，发现问题及时提出并解决。

1. 一般性检查

(1)仪器检查。仪器应表面无碰伤、盖板及部件结合整齐，密封性好；仪器与三脚架连接稳固无松动。仪器转动灵活，制动、微动螺旋工作良好。水准器状态良好。望远镜物镜、目镜调焦螺旋使用正常。检查全站仪操作键盘的按键功能是否正常，反应是否灵敏，功能是否正常。

(2)三脚架检查。三脚架是否伸缩灵活，脚架紧固螺旋功能是否正常。

(3)水准尺检查。水准尺尺身是否平直，水准尺尺面分划是否清晰。

(4)反射棱镜检查。反射棱镜镜面是否完整无裂痕，反射棱镜与安装设备是否配套。

2. 仪器的检验与校正

(1)水准仪的检验与校正

测量前应对水准仪进行检校，i 角不得大于 20″，并写入实习报告检验报告部分，包括检验方法、观测数据、检验结果及结论。

(2)全站仪的检验与校正

①视准轴垂直于横轴的检验：对一个与仪器同高的目标用竖丝盘左盘右观测 2 测回，读水平度盘读数，分别计算视准轴误差 $2C$，取平均值。J_2 仪器 $2C$ 绝对值应小于 16″，J_6 仪器应小于 20″。

②竖盘指标差的检验：对一明显目标，用横丝盘左盘右观测 2 测回，计算竖盘指标差，并取平均值，其值不得超过 10″。

③测距加常数检验：按教材加常数简易测定方法检验。

全站仪的检校同样写入实习报告。

3. 各组仪器工具的配备

全站仪 1 台，棱镜觇牌 2 套，棱镜杆 2 根，脚架 3 个，S3 水准仪 1 台，红黑双面区格式水准尺1对,尺垫1对。

其他:2m钢卷尺1把,工具包1个,记录板1块。

各组应自备计算器1个,并应备测伞1把。导线测量手簿、导线计算表、高程计算表、图纸等耗材由学生自行解决。

四、技术资料的准备

除了课本教材外,在实习中用到的技术规范包括:

(1)《测绘技术设计规定》(CH/T 1004—2005)。

(2)《测绘技术总结编写规定》(CH/T 1001—2005)。

(3)《城市测量规范》(CJJ/T 8—2011)。

(4)《国家三、四等水准测量规范》(GB/T 12898—2009)。

(5)《全站型电子速测仪检定规程》(JJG 100—2003)。

(6)《光电测距仪检定规程》(JJG 703—2003)。

(7)《国家基本比例尺地图图式　第1部分:1:500　1:1000　1:2000地形图图式》(GB/T 20257.1　2017)。

(8)《1:500　1:1000　1:2000外业数字测图规程》(GB/T 14912—2017)。

第二节　控制测量

控制网布设应遵循"由整体到局部、从高级到低级"的布网原则。

首级平面控制应根据测区的大小、工程要求,布设不同等级的平面控制网,以供地形测图等使用。控制网的设计、控制点的选埋、测量数据处理与计算均应按照《城市测量规范》(CJJ/T 8—2011)相关技术规范和规定执行,逐级加密,图根控制可根据需要采用支导线的布设形式。

首级高程控制网可布设为三等或四等水准网。首级高程控制网一般布设成环形网,加密时可布设成附合线路或结点网。测区高程应采用国家统一高程系统。在地形起伏较大、直接水准测量有困难的地区可采用三角高程测量测定控制点的高程,为地形测量提供高程控制。

一、平面控制

实习首级平面控制采用导线测量方法进行。各组自行或由教师带领在指定测区进行踏勘,了解测区地形条件和地物分布情况,选择导线点,构成一条附合或闭合导线。选点时应注意以下几点:

(1)点位应选在土质坚实,便于保存标志和安置仪器处,尽量不要将点选在道路中间、可能失足落水处、可能高空落物处以及其他可能危害到人身、仪器安全以及学校正常教学工作的地方。

(2)相邻导线边的长度应大致相等。

(3)视野开阔,便于进行碎部测量。

(4)控制点应有足够的密度,分布较均匀,便于控制整个测区。

(5)各小组间的控制点应合理分布,避免互相遮挡视线。

点位选定之后,应立即做好点的标记。土质地面上可打木桩,并在桩顶钉小钉或画“十”字作为点的标志。若在柏油、水泥等较硬的地面上可用油漆画“十”字标记,也可使用专用测量标志钉。在点标记旁边的固定地物上用油漆标明导线点的位置,并按等级统一编号,作出导线略图和点之记。

1. 外业测量

(1)外业测量技术要求

参考《城市测量规范》(CJJ/T 8—2011)的要求进行作业,主要技术指标及限差如下。

采用电磁波测距导线测量方法布设平面控制网的主要技术指标应符合表3-1的要求。

城市二级光电测距导线的主要技术指标 表3-1

等级	长　度	平均边长	测距中误差	测角中误差	导线全长相对闭合差
二级	≤2.4km	200m	≤15mm	≤8″	≤1/10000

城市二级导线测量水平角观测技术指标应满足表3-2的要求。

城市二级导线测量水平角观测技术指标 表3-2

等　级	测　回　数			方位角闭合差(″)
	DJ_1	DJ_2	DJ_6	
二级	—	1	3	$\leqslant \pm 16\sqrt{n}$

注:n为测站数。

方向观测法各项限差应符合表3-3的规定。

方向观测法各项限差(单位:″) 表3-3

经纬仪型号	光学测微器两次重合读数差	半测回归零差	一测回内$2C$较差	同一方向值各测回较差
DJ_1	1	6	9	6
DJ_2	3	8	13	9
DJ_6	—	18	—	24

城市二级导线平面控制网测距的主要技术指标应满足表3-4的要求。

城市二级光电测距导线测距的技术要求 表3-4

等级	测距仪	观测次数		总测回数	一测回中读数(次)	一测回读数较差(mm)	单测回间较差(mm)	往返或不同时段的较差(mm)
		往	返					
二级	Ⅱ级	1	1	2	4	10	15	$2(a+b\times D)$

注:1. Ⅱ级测距仪指每千米测距中误差在5~10mm之间。

2. 规范规定在城市二级导线的观测中,只需进行往测,但为了达到锻炼学生的目的及满足三角高程测量的要求,要求往返测各一个测回。

3. 测距的一测回是指照准目标一次,一般读数4次,可根据仪器出现的离散程度和大气透明度作适当增减,往返测回数各占总测回数的一半。

4. 根据具体情况,可采用不同时段观测代替往返观测,不同时段是指上午、下午或不同的白天。

5. a为固定误差;b为比例误差;D为测距边长度(km)。

平面控制测量的外业观测及内业计算数字取位应满足表 3-5 的要求。

平面控制测量的内业计算数字取位要求 表 3-5

等级	方向观测值及各项改正数(″)	边长观测值及各项改正数(m)	边长与坐标(m)	方位角(″)
二级	1	0.001	0.001	1

在进行平面控制测量时,可同时进行三角高程测量,以对四等水准测量进行检核,三角高程测量(高程导线测量)的要求如表 3-6 所示。

三角高程测量技术要求 表 3-6

仪器类型	中丝法竖角测回数	测回间较差指标差较差(″)	两测站对向观测高差不符值(m)	附合路线或环线闭合差(m)		检测已测测段高差之差(m)
				平原、丘陵	山区	
DJ_2	四测回	5	$\pm 45\sqrt{D}$	$\pm 20\sqrt{L}$	$\pm 25\sqrt{L}$	$\pm 30\sqrt{L_i}$

注:1. 三角高程的竖角往返各测两测回,共四个测回。仪器高和目标高应在观测前后各量一次,读数至毫米,两次丈量值较差不大于 2mm 时,取用中数。

2. 为了消除或减弱地球曲率和大气折光的影响,三角高程测量一般应进行对向观测。

3. D 为测距边长度,L 为附合路线或环线长度,L_i 为检测测段长度,单位均为 km。

采用高程导线测量方法进行四等高程控制测量时,高程导线应起闭于不低于三等的水准点,边长不应大于 1km,路线长度不应大于四等水准路线的长度。布设高程导线时,宜与平面控制网相结合。

三角高程测量采用每点设站法施测,边长的测定采用不低于Ⅱ级精度的测距仪观测两测回,采用每点设站法时,往返测可各测一测回。

三角高程测量观测读数和计算的数字取位要求应符合表 3-7 的规定。

三角高程测量观测读数与计算的数字取位要求 表 3-7

项目	斜距(mm)	垂直角(″)	仪器高、棱镜高(mm)	测站高差(mm)	测段高差(mm)
观测值	1	1	1	—	—
计算值	1	0.1	0.1	0.1	1

(2)外业测量方法

采用测回法观测导线各转折角(详见实验七),3 个及 3 个以上方向采用方向观测法(详见实验八);距离及三角高程测量方法见实验十。外业观测记录手簿格式见表 3-8 及表 3-9,记录规则参见第一章第三节测量数据记录与计算规则。

2. 内业计算

外业观测结束后,应对手簿进行全面检查,如有无遗漏或记错,是否符合测量的限差和要求,发现问题应改正乃至重新测量。然后利用导线计算表计算各点坐标。

计算时角度值取至秒,长度、坐标值取至毫米。

若测区附近没有已知点,也可采用假定坐标,即用罗盘仪测量导线起始边的磁方位角,并假定导线起始点的坐标值。

导线观测手簿示例 表 3-8

仪器型号＿＿＿＿＿ 测　站＿＿＿＿＿ 仪器高＿＿＿＿＿

天　　气＿＿＿＿＿ 成　像＿＿＿＿＿

观 测 者＿＿＿＿＿ 记录者＿＿＿＿＿ 时　间＿＿＿＿＿

	觇点	读数		2C	半测回方向	一测回方向	各测回平均方向	附注
		盘左	盘右					
水平角观测	N_1	0 00 30	180 00 36	06	0 00 00 00	0 00 00 00	0 00 00	
	A_1	125 08 16	305 08 24	08	125 07 46 48	125 07 47 45	125 07 46	
	N_1	90 00 30	270 00 42	12	0 00 00 00	0 00 00		
	A_1	215 08 18	35 08 24	06	125 07 48 42	125 07 45		

边长	平距观测值		平距中数	边长	平距观测值		平距中数
N_1—A_1	1	356.784	356.785	N_2—N_1	1	287.132	287.132
	2	356.785			2	287.132	
	3	356.785			3	287.132	

三角高程测量观测手簿 表 3-9

测站点	测站点仪器高(m)	观测点	观测点觇标高(m)	盘位	垂直角读数	一测回竖直角	平距(m)
				左			
				右			
				左			
				右			
				左			
				右			
				左			
				右			
				左			
				右			

导线计算采用近似平差法。首先绘出导线控制网的略图,并将点名、点号、已知点坐标、边长和角度观测值标在图上。在导线计算表中进行计算,具体计算步骤如下:

(1)填写已知数据及观测数据。

(2)计算角度闭合差及其限差。

①测左角附合导线角度闭合差:

$$f_\beta = \alpha_{始} + \sum_{i=1}^{n} \beta_{左} - n \cdot 180° - \alpha_{终} \tag{3-1}$$

②测右角附合导线角度闭合差:

$$f_\beta = \alpha_{始} - \sum_{i=1}^{n} \beta_{右} + n \cdot 180° - \alpha_{终} \tag{3-2}$$

③闭合导线角度闭合差:

$$f_\beta = \sum_{i=1}^{n} \beta - (n-2) \cdot 180° \tag{3-3}$$

④角度闭合差的限差:

$$f_{\beta容} = \pm 16'' \sqrt{n} \tag{3-4}$$

(3)计算角度改正值。

①测左角附合导线及闭合导线的角度改正值:

$$v_i = -\frac{f_\beta}{n} \tag{3-5}$$

②测右角附合导线的角度改正值:

$$v_i = \frac{f_\beta}{n} \tag{3-6}$$

(4)计算改正后的角度。

$$\hat{\beta}_i = \beta_i + v_i \tag{3-7}$$

(5)推算坐标方位角。

①左角推算:

$$\alpha_{i,i+1} = \alpha_{i-1,i} \pm 180° + \hat{\beta}_i \tag{3-8}$$

②右角推算:

$$\alpha_{i,i+1} = \alpha_{i-1,i} \pm 180° - \hat{\beta}_i \tag{3-9}$$

(6)计算坐标增量

$$\Delta x_{i,i+1} = D_{i,i+1} \cdot \cos \alpha_{i,i+1} \tag{3-10}$$

$$\Delta y_{i,i+1} = D_{i,i+1} \cdot \sin \alpha_{i,i+1} \tag{3-11}$$

(7)坐标增量闭合差的计算。

①闭合导线坐标增量闭合差:

$$\begin{cases} f_x = \sum \Delta x \\ f_y = \sum \Delta y \end{cases} \tag{3-12}$$

②附合导线坐标增量闭合差:

$$\begin{cases} f_x = \sum \Delta x + x_{起} - x_{终} \\ f_y = \sum \Delta y + y_{起} - y_{终} \end{cases} \tag{3-13}$$

(8)导线全长闭合差及导线全长相对闭合差的计算。

①导线全长闭合差：

$$f = \sqrt{f_x^2 + f_y^2} \tag{3-14}$$

②导线全长相对闭合差：

$$K = \frac{f}{\sum D} = \frac{1}{\frac{\sum D}{f}} \tag{3-15}$$

(9)精度满足要求后，计算坐标增量改正值

$$v_{\Delta x_{i,i+1}} = -\frac{f_x}{\sum D} D_{i,i+1} \tag{3-16}$$

$$v_{\Delta y_{i,i+1}} = -\frac{f_y}{\sum D} D_{i,i+1} \tag{3-17}$$

(10)计算改正后坐标增量(略)。

(11)计算导线点的坐标(略)。

闭合导线计算示例见表 3-10。

导线平差计算表示例 表 3-10

点号	观测角(° ′ ″)	坐标方位角(° ′ ″)	距离(m)	增量计算值		改正后增量		坐标值		点号
				Δx(m)	Δy(m)	Δx(m)	Δy(m)	X(m)	Y(m)	
A								200	200	A
		133 47 00	239.180	+5 −165.497	+6 172.679	−165.492	172.685			
D	−1 87 29 46							34.508	372.685	D
		41 16 45	240.012	+6 180.370	+6 158.343	180.376	158.349			
C	−1 107 19 45							214.884	531.034	C
		328 36 29	232.495	+6 198.463	+6 −121.104	198.469	−121.098			
B	−1 75 55 47							413.353	409.936	B
		224 32 15	299.329	+6 −213.359	+6 −209.942	−213.353	−209.936			
A	−1 89 14 46							200	200	A
		133 47 00								
D										D
Σ	360 00 04		1011.016	−0.023	−0.024	0.00	0.00			

$f_\beta = \sum\beta - (n-2)\times 180° = 4''$

$f_{\beta容} = \pm 16\sqrt{n} = \pm 16\sqrt{4} = \pm 32''$

$f_x = \sum \Delta x = -0.023\text{m}$

$f_y = \sum \Delta y = -0.024\text{m}$

$f = \sqrt{f_x^2 + f_y^2} = 0.033\text{m}$

$k = \frac{f}{\sum D} = \frac{0.033}{1011.016} = \frac{1}{30600} < \frac{1}{10000}$

导线略图

B C A D

二、高程控制

高程控制采用四等水准测量方法测量，各小组在指定测区进行踏勘，了解测区地形条件和地物分布情况，选择水准点，构成一条附合或闭合水准路线。水准点应选在基础稳定的点位上，点位确定后要作好标记并编号，绘制点之记。

1. 外业观测

参考《城市测量规范》（CJJ/T 8—2011）和《国家三、四等水准测量规范》（GB/T 12898—2009）的要求进行作业，主要技术指标及限差如下：

测站的视线长度、视线高度，前后视距差、视距累计差、数字水准仪重复测量次数应符合表3-11要求。

三四等水准测量视线长度、高度、重复测量次数限差 表3-11

等级	仪器类型	视线长度（m）	视线高度	后前视距差（m）	后前视距差累计（m）	数字水准仪重复测量次数
三等	S3	≤75	三丝能读数	≤2.0	≤5.0	≥3次
	S1、S05	≤100				
四等	S3	≤100	三丝能读数	≤3.0	≤10.0	≥3次
	S1、S05	≤150				

所有数字水准仪，在地面震动较大时，应暂时停止测量，直至震动消失，无法回避时应随时增加重复测量次数。

测站观测限差按表3-12规定执行。

三四等水准测量测站观测限差 表3-12

等级	观测方法	黑红面读数差（mm）	黑红面所测高差之差（mm）	单程双转点观测时，左右路线转点差（mm）	检测间歇点高差之差（mm）
三等	中丝读数法	2.0	3.0	—	
	光学测微法	1.0	1.5	1.5	
四等	中丝读数法	3.0	5.0	4.0	5.0mm

因测站观测误差超限，在本站检查发现后可立即重测。若迁站后才检查发现，则应从水准点或间歇点（应经检测符合限差要求）起始，重新观测。

外业计算的数值取位按表3-13执行。

三四等水准测量外业计算的数值取位要求 表3-13

等级	往（返）测距离总和（km）	测段距离中数（km）	各测站高差（mm）	往（返）测高差总和（mm）	测段高差中数（mm）	水准点高程（mm）
三等	0.01	0.1	0.1	0.1	1	1
四等	0.01	0.1	0.1	0.1	1	1

每完成一条水准路线的测量，应进行往返测高差不符值及每千米水准测量偶然中误差的计算；每完成一条附合水准路线或闭合水准路线的测量，应计算其闭合差，当构成水准网

的水准环超过20个时，应计算每千米水准测量全中误差。国家三、四等水准测量精度主要技术指标均应满足表3-14要求，其中每千米水准测量偶然中误差M_{Δ}和全中误差M_{W}计算如下：

$$M_{\Delta} = \pm \sqrt{\frac{1}{4n}\left[\frac{\Delta\Delta}{R}\right]} \tag{3-18}$$

式中：Δ——测段往返测高差不符值，mm；

R——测段长度，km；

n——测段数。

$$M_{W} = \pm \sqrt{\frac{1}{N}\left[\frac{WW}{F}\right]} \tag{3-19}$$

式中：W——各项改正后的水准环闭合差，mm；

F——水准环线周长，km；

N——水准环数。

水准测量往返测高差不符值与环线闭合差的限值　　表3-14

等级	每千米水准测量中误差		测段、路线往返测高差不符值	附合路线或环线闭合差		检测已测测段高差之差
	偶然中误差M_{Δ}(mm)	全中误差M_{W}(mm)		平原	山区	
三等	3.0	6.0	$12\sqrt{K}$	$12\sqrt{L}$	$15\sqrt{L}$	$20\sqrt{R}$
四等	5.0	10.0	$20\sqrt{K}$	$20\sqrt{L}$	$25\sqrt{L}$	$30\sqrt{R}$

注：K为线路或测段长度；L为附合路线（环线）长度；R为检测测段长度，单位均为km。山区是指高程超过1000m，或路线中最大高差超过400m的地区。

2. 内业计算

外业观测结束后，应对手簿进行全面检查。合格后，进行平差计算求得各点高程。计算时先画出水准路线图，将点号、起始点高程值、观测高差、测段测站数（或测段长度）标在图上。在水准测量成果计算表中进行高程计算，计算位数取至毫米位。计算步骤为：

（1）计算高差闭合差及其限差填写已知数据及观测数据。

①附合水准路线高差闭合差：

$$f_{h} = H_{起} + \sum h - H_{终} \tag{3-20}$$

②闭合水准路线高程闭合差：

$$f_{h} = \sum h \tag{3-21}$$

（2）高差改正数的计算。

$$v_{i,i+1} = -\frac{f_{h}}{\sum l} l_{i,i+1} \tag{3-22}$$

（3）计算改后高差。

$$\hat{h}_{i,i+1} = h_{i,i+1} + v_{i,i+1} \tag{3-23}$$

（4）水准点高程的计算。

$$H_{i+1} = H_{i} + \hat{h}_{i,i+1} \tag{3-24}$$

外业观测手簿及内业计算示例如表3-15、表3-16所示。

四等水准测量手簿示例

表 3-15

测站编号	后尺 下丝 / 上丝 / 后距 / 视距差 d	前尺 下丝 / 上丝 / 前距 / $\sum d$	方向及尺号	标尺读数 黑面	标尺读数 红面	K+黑-红	高差中数	备考
1	1571	0739	后 BM_1	1384	6171	0		
	1197	0363	前	0551	5239	-1		
	37.4	37.6	后—前	+0833	+0932	+1	+0.8325	
	-0.2	-0.2						
2	2121	2196	后	1934	6621	0		
	1747	1821	前	2008	6796	-1		
	37.4	37.5	后—前	-0074	-0175	+1	-0.0745	
	-0.1	-0.3						后视 4787
3	1914	2055	后	1726	6513	0		
	1539	1678	前	1866	6554	-1		
	37.5	37.7	后—前	-0140	-0041	+1	-0.1405	
	-0.2	-0.5						
4	1965	2141	后	1832	6519	0		
	1700	1874	前 N_1	2007	6793	+1		
	26.5	26.7	后—前	-0175	-0274	-1	-0.1745	
	-0.2	-0.7						

高程误差配赋表

表 3-16

点名	距离(m)	观测高差(m)	改正数(m)	改正后高差(m)	点之高程(m)	备考
	BM_1—BM_2 四等水准路线					
BM_1					105.875	
	2534.4	0.664	-0.009	+0.655		
N_1					106.530	
	2606.6	-0.595	-0.010	-0.605		
N_2					105.925	
	2741.1	+2.544	-0.010	+2.534		
N_3					108.459	
	4905.0	-5.546	-0.018	-5.564		
BM_2					102.895	
$\sum$	12787	+0.047	-0.047	0		
$W = +0.047\text{m}$　　$W_{允} = \pm 20\text{mm}\sqrt{S} = \pm 71.5\text{mm}$						

第三节 碎部测量

碎部测量是数字地形测量实习的重点工作,通过碎部测量,获取碎部点坐标,并利用计算机绘制地形图(测图比例尺为1:500,基本等高距为0.5m)是该工作的主要任务。

碎部测量开展前必须做好仪器、配件、控制测量成果和技术资料的准备工作。实习是按小组进行,还要事先划分好各组的测区,一般以沟渠、道路等明显线状地物划分测区。各组还应排好分工表,包括观测员、跑尺(镜)员、记录员,每天轮换。

一、技术要求

实习参照《城市测量规范》(CJJ/T 8—2011)、《国家基本比例尺地形图图式 第1部分:1:500 1:1000 1:2000 地形图图式》(GB/T 20257.1—2007)和《1:500 1:1000 1:2000 外业数字测图规程》(GB/T 14912—2017)的技术要求进行。

实施碎部测量之前必须先进行控制测量。图根平面控制测量可采用图根导线的方法布设,在各级控制点下加密图根点,不宜超过二次附合,在难以布设附合导线的地区,可布设成支导线,测区范围较小时,图根导线可作为首级控制。图根控制点也可采用"一步测量法",所谓一步测量法就是将图根导线与碎部测量同时作业。

图根控制点应选在土质坚实、便于长期保存的地方,及方便安置仪器、通视良好便于测角和测距、视野开阔便于施测碎部的地方。要避免选在道路中间。图根点选定后,应立即打桩并在桩顶钉一小钉或划"+"作为标志;或用油漆在地上画"⊕"作为标志并编号。编号可用四位数。

当测图比例尺为1:500时,图根控制点(包括高级控制点)的密度应以满足测图需要为原则,一般不应低于64个/km²,图根点相对于图根起算点的点位中误差不应大于5cm,高程中误差不应大于测图基本等高距的1/10。

图根导线测量的技术要求应符合表3-17的规定。

图根导线技术要求 表3-17

比例尺	附合导线长度(m)	边长(m)	导线相对闭合差	测回数	测角中误差(″)		方位角闭合差(″)	
					一般	首级控制	一般	首级控制
1:500	650	300	≤1/2500	1	±30	±20	$\pm 60\sqrt{n}$	$\pm 40\sqrt{n}$

注:n 为测站数。

因地形限制,当图根导线无法附合时,可布设成支导线时,支导线的长度不应超过表中规定长度的1/2,边数不多于两条边(困难地区可放宽至三条)。边长可单程观测一测回,一测回进行两次读数,读数较差≤20mm。水平角观测首站应连测两个已知方向,观测一测回,其固定角不符值不应超过±40″;其他站水平角观测一测回,圆周角闭合差不应大于40″。

图根点高程可用图根水准或图根光电测距三角高程测量方法测定,实习采用图根光电测距三角高程测量方法。图根三角高程导线应起闭于高等级高程控制点上,可沿图根点布设为附合路线或闭合路线。当测区内无已知水准点时,可与测区附近已知水准点进行高程连测。连测时用四等水准测量方法往返观测，其往返测高差不符值不超过 $\pm 20\sqrt{L}$ mm（L 为路线长度，以 km 计）。也可假定一点高程，成为独立高程系统。图根光电测距三角高程测量的技术要求应符合表 3-18 的规定。测距要求同图根导线。

图根光电测距三角高程测量技术要求 表 3-18

仪器类型	中丝法测回数	竖角较差、指标差较差	附合路线或环线高差闭合差（mm）
DJ6	1	≤25″	$\leqslant \pm 40\sqrt{[D]}$

注：D 为路线长度（km）。

电磁波测距三角高程测量附合路线长度不应大于 5km，布设成支线不应大于 2.5km，其路线应起闭于图根以上各等级高程控制点。仪器高和棱镜中心高应准确量至毫米。计算三角高程时，角度应取至秒，高差应取至厘米。

二、碎部测量步骤

1. 准备工作

将控制点、图根点平面坐标和高程值抄录在成果表上备用。

每日施测前，应对数据采集软件进行试运行检查，对输入的控制点成果数据需显示检查。一般应在每日施测前、后记录有关的元数据。

2. 数据采集方法及要求

实习采用全站仪加勾绘草图的数字测图方法。成图软件采用南方测绘仪器有限公司研制的大比例尺数字地形地籍成图系统。

碎部点坐标测量采用极坐标法，也可采用量距法和交会法等，碎部点高程采用三角高程测量。

设站时，仪器对中误差不应大于 5mm，照准较远一测站点（或其他控制点）作为起始方向，观测另一控制点（或测站点）作为检核，算得检核点的平面位置误差不应大于 $0.2 \times M \times 10^{-3}$（m）（即比例尺 1:500 地形图的检核点的平面位置误差不应大于 100mm，图上的平面位置误差为 0.2mm）。检查另一控制点高程，其较差不应大于 1/6 等高距。

每站数据采集结束时应重新检测标定方向，检测结果如超过 100mm 及 1/6 等高距，其检测前所测得的碎部点成果须重新计算，并应检测不少于两个碎部点。

采集数据时，角度应读记至秒，距离应读记至毫米，仪器高和棱镜中心高应量记至厘米，归零检查和垂直角指标差不大于 1″。测距最大长度为 300m，如遇特殊情况，在保证碎部点精度的前提下，碎部点测距长度可适当加长。

采用数字测记模式，应绘制草图。绘制草图时，采集的地物地貌，原则上按照《国家基本比例尺地形图图式 第 1 部分：1:500 1:1000 1:2000 地形图图式》（GB/T 20257.1—2007）的规定绘制，对于复杂的图式符号可以简化或自行定义。草图必须标注所测点的测点编号，其标注的测点编号应与数据采集记录中测点编号严格一致。草图上地形要素之间的相互位置必须清楚正确，地形图上须注记的各种名称、地物属性等，草图上必须标注清楚。

每天工作结束后应及时对采集的数据进行检查。若草图绘制有错误，应按照实地情况修改草图。若数据记录有错误,可修改测点编号、地形码和信息码,但严禁修改观测数据,否则须返工重测。删除或标记作废记录,补充实测时来不及记录的数据。对错漏数据要及时补测,超限的数据应重测。检查修改后的数据文件应及时存盘并备份。

3. 测量内容及取舍

测量控制点是测绘地形图的主要依据,在图上应精确表示。

房屋的轮廓应以墙基外角为准,并按建筑材料和性质分类,注记层数。房屋应逐个表示,临时性房屋可舍去。

建筑物和围墙轮廓凸凹在图上小于 0.5mm,简单房屋小于 0.6mm 时,可用直线连接。

校园内道路应将车行道、人行道按实际记位置测绘。其他道路按内部道路绘出。

沿道路两侧排列的以及其他成行的树木均用“行树”符号表示。符号间距视具体情况可放大或缩小。

电线杆位置应实测,可不连线,但应绘出电线连线方向。

架空的、地面上的管道均应实测,并注记传输物质的名称。地下管线检修井、消防栓应测绘表示。

沟渠在图上宽度小于 1mm 的用单线表示并注明流向。

斜坡在图上投影宽度小于 2mm 用陡坎符号表示。当坡、坎比高小于 0.25m 或在图上长度小于 5mm 时,可不表示。

各项地理名称注记位置应适当,无遗漏。居民地、道路、单位名称和房屋栋号应正确注记。

其他地物参照“规范”和“图式”合理取舍。

地形点平均间距为 25m,地性线和断裂线应按其地形变化增大采样点密度。

4. 数据传输、数字地形图编辑和输出

利用标准接口(RS-232)的传输电缆线将全站仪内部数据传输至计算机,并对外业采集的数据进行计算机数据处理,通过人机交互方式下进行地形图编辑,生成数字地形图图形文件。带内存全站仪与 CASS6.0 的通讯方法如下:

(1)将全站仪通过适当的通讯电缆与计算机连接好。

(2)移动鼠标至“数据通讯”项的“读取全站仪数据”项,该处以高亮度(深蓝)显示,按左键,出现如图 3-1 所示的对话框。

(3)根据不同仪器的型号设置好通讯参数,再选取好要保存的数据文件名并转换。大体步骤与上同。

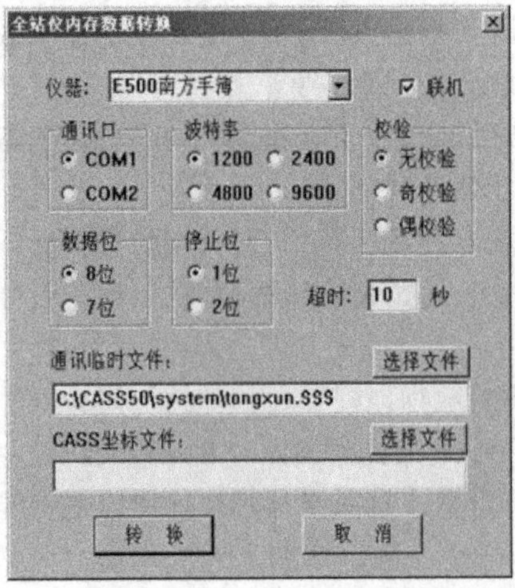

图 3-1

5. 成图质量检查

对成图图面应按规范要求进行检查。检查方法为室内检查、实地巡视检查及设站检查。检查中发现的错误和遗漏应予以纠正和补测。

第四节 实习报告和考核

一、实习报告

实习结束后，每人应编写一份实习报告，要求内容全面、概念正确、语句通顺、文字简练、书写工整、图表清晰美观，并按统一格式编号并装订成册，与实习资料成果一起上交。要求用A4纸打印，略图中各点的位置要与实际情况相符（如角度、边长等）。实习报告主要包含以下内容。

（1）实习的目的、任务及时间安排。

实习（或作业）名称、目的、时间、地点，实习（或作业）任务、范围及组织情况等。

（2）测区概况。

测区的地理位置、交通条件、居民、气候、地形、地貌等概况，测区已有测绘成果及资料分析与利用情况等。

（3）仪器校验资料。

仪器校验的方法、记录、计算资料及对仪器质量的评价。

（4）控制测量。

①平面控制测量。

a. 平面控制网的布设方案及控制网略图。

b. 选点、造标、埋石方法及情况。

c. 施测技术依据及施测方法。

d. 观测成果质量分析。

e. 计算过程表。

②高程控制测量。

a. 高程控制网的布设方案及控制网略图。

b. 选线、埋石方法及情况。

c. 施测技术依据及施测方法。

d. 观测成果质量分析。

e. 计算过程表。

（5）地形测图

①碎部测量方法。

②地物和地貌综合取舍情况，测图过程中出现的问题及解决方法。

③内业编图软件使用的技巧等。

（6）成果汇总。

（7）实习收获、体会及建议。

（8）说明本次实习的收获，实习中发生、发现的问题及处理情况。

附录：实习日志。

二、实习考核

数字测图实习作为一门独立课程占有5个学分，故在实习结束后，应从学生实习中的思想表现、出勤情况、实际作业的熟练程度、分析问题和解决问题的能力、完成任务的质量、所交成果资料及仪器工具爱护的情况、实习报告的编写水平等方面进行考察，综合评定学生实习成绩。

附录A　Trimble DINI 型电子水准仪使用简介

一、各部件名称

见实验二。

二、电池

1. 查询电池电量

当前电池电量可以在屏幕右上角粗略地显示出来，如图 A-1a）所示；电池的精确电量可以在测量菜单下的函数域\信息\中显示，如图 A-1b）所示。

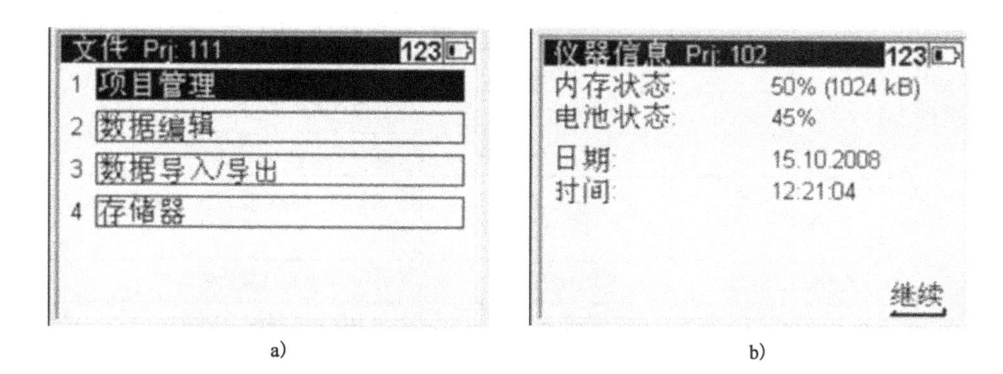

a)　　b)

图　A-1

2. 电量低

如果电池用完，则信息显示电量低于 10%。

如果显示此信息，许多测量功能仍然可以继续，提示此警告信息出现以后，应该尽快插入充满的电池，更换电池时要确定切断电源，这样做可避免丢失数据，如果没有及时更换电池，仪器将自动关机，当电池达到最低电量时不会丢失数据。

3. 连接内部电池

松开锁，打开电池盒，接下来即可安装和拆卸电池，如图 A-2 所示。当锁在正确的位发出嘀的一声，关闭电池盒，充电时，如果打开电池盒的锁，请注意不要将电池掉落。

三、菜单

菜单描述见表 A-1。

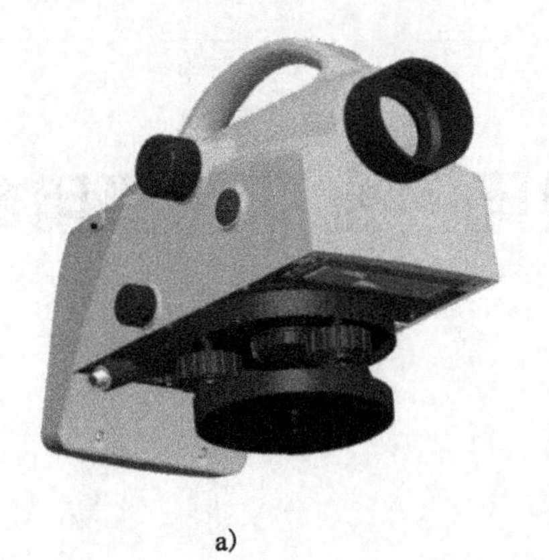
a)

b)

图 A-2

菜单描述

表 A-1

主菜单	子 菜 单	子 菜 单	描 述
1. 文件	工程菜单	选择工程	选择已有工程
		新建工程	新建一个工程
		工程重命名	改变工程名称
		删除工程	删除已有工程
		工程间文件复制	在两个工程间复制信息
	编辑器		编辑已存数据、输入、查看数据、输入改变代码列表
	数据输入/输出	DINI 到 USB	将 DINI 数据传输到数据棒
		USB 到 DINI	将数据棒数据传入 DINI
	存储器	USB 格式化	记忆棒格式化，注意警告信息
			内/外存储器，总存储空间，未占用空间，格式化内/外存储器
2. 配置	输入		输入大气折射、加常数、日期、时间
	限差/测试		输入水准线路限差（最大视距、最小视距高、最大视距高等信息）
	校正	Forstner 模式	视准轴校正
		Nabauer 模式	视准轴校正
		Kukkamaki 模式	视准轴校正
		日本模式	视准轴校正
	仪器设置		设置单位、显示信息、自动关机、声音、语言、时间
	记录设置		数据记录、记录附加数据、线路测量单点测量、中间点测量

续上表

主菜单	子　菜　单	子　菜　单	描　　述
3. 测量	单点测量		单点测量
	水准线路		水准线路测量
	中间点测量		基准输入
	放样		放样
	断续测量		断续测量
4. 计算	线路平差		线路平差

四、按键描述及功能

按键描述及功能见表 A-2。

按键描述及功能 表 A-2

按　　键	描　　述	功　　能
	开关键	仪器开关机
or	测量键	开始测量
	导航键	通过菜单导航/上下翻页/改变复选框
	回车键	确认输入
Esc	退出键	回到上一页
α	Alpha 键	按键切换、按键情况在显示器上端显示
	Trimble 按键	显示 Trimble 功能菜单
	后退键	输入前面的输入内容
。,	句号/逗号	第一功能　输入句号、逗号 第二功能　加减
0	0 或空格	第一功能　0 第二功能　空格
1	1 或 PQRS	第一功能　1 第二功能　PQRS
2	2 或 TUV	第一功能　2 第二功能　TUV

续上表

按　键	描　述	功　能
3	3 或 WXYZ	第一功能 3 第二功能 WXYZ
4	4 或 GHI	第一功能 4 第二功能 GHI
5	5 或 JKL	第一功能 5 第二功能 JKL
6	6 或 MNO	第一功能 6 第二功能 MNO
7	7	
8	8 或 ABC	第一功能 8 第二功能 ABC
9	9 或 DEF	第一功能 9 第二功能 DEF

五、符号说明

→⊕ = 准备测量按⊕/◎测量键

回车 = 按↵键

储存 = 按↵键储存测量信息

接受 = 按↵键接受

继续 = 按↵键继续

结束 = 按↵键结束测量

第二页 = 按↵键进入下一页

↑ ↓ = 按导航键向上向下选择信息

六、操作流程

下面仅介绍线路测量模式和中间点测量模式,单点测量见实验二。

(1)将仪器整平后,使用⏻开机,开机几秒钟后仪器准备测量,主菜单或者“仪器超过倾斜范围”将持续显示。

(2)新建项目见实验二。

(3)仪器配置见实验二。

(4)选择测量→水准线路后,进入水准线路测量。

单站高差可以测量出来,并经过累加。当输入起点高和终点高时,就可以算出理论高差与实际高差的差值,即闭合差。

①输入新线路的名称,如 1(或者从项目中选择一旧线路继续测量);设置测量模式,如

BF(测量模式有:BF、BFFB、BFBF、BBFF、FBBF);选择复选框确定是否奇偶站交替,如图 A-3a)所示。按回车进入下一页。

②选择点号或键入点号,如 001(选择查找,则查找下一点号;选择从项目,则从当前项目中选择;选择其他项目则从其他项目中选择);在菜单中选择代码或键入代码;输入基准高,如 102.5,如图 A-3b)所示。

a)

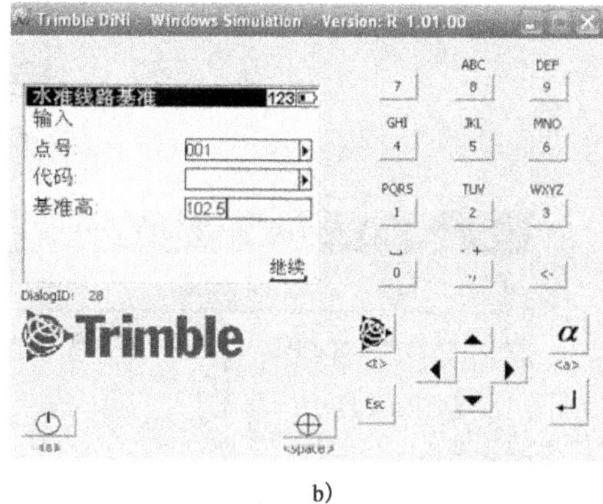

b)

图 A-3

如果是选择点号,则基准高自动给出。

③瞄准要测量的标尺,点击测量键测量,如图 A-4 所示。

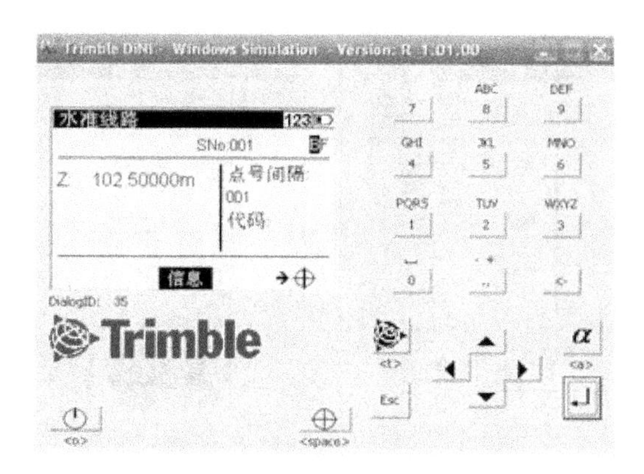

图 A-4

屏幕左边表示上一点(后视点)的测量结果;屏幕右边表示将要测量的下一个点(前视点);如果测量的结果不满足要求,可以重新进行测量,如图 A-5 所示。

点击“信息”可以看到电池电量、时间、日期等更多的信息,如图 A-6 所示。

点击“显示”可以看到更多的信息,如图 A-7 所示。

点击“重测”可以对最后的测量或最后的测站进行重测,如图 A-8 所示。

点击“结束”可以结束一条水准线路的测量,如图 A-9 所示。

选择测量→中间点测量后,进入中间点测量,即支线测量。

①输入点号,如 100;输入基准高,如 103.6,如图 A-10a)所示。

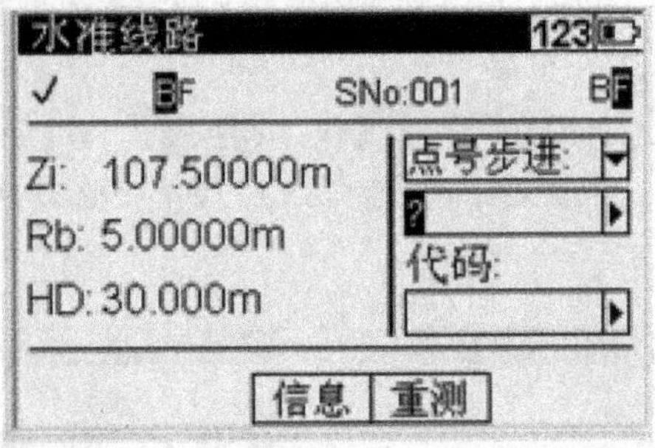

图 A-5

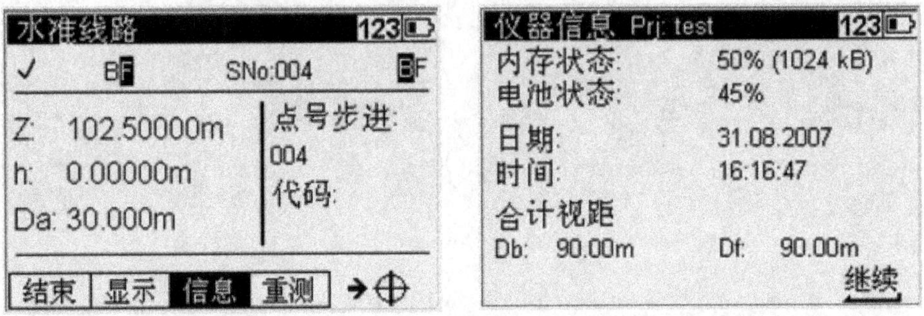

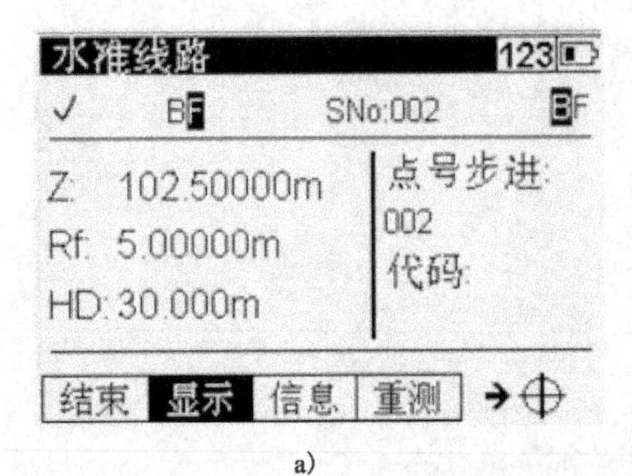

a)

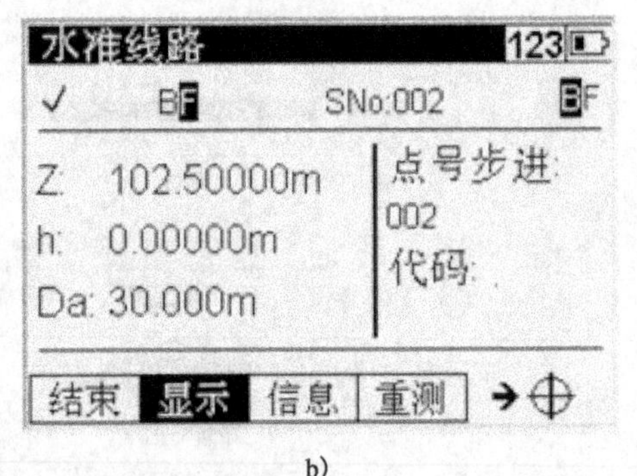

b)

图 A-6

a)

b)

图 A-7

图 A-8

②瞄准要测量的标尺，测量。如图 A-10b）所示。

③点击接受。如图 A-10c）所示。

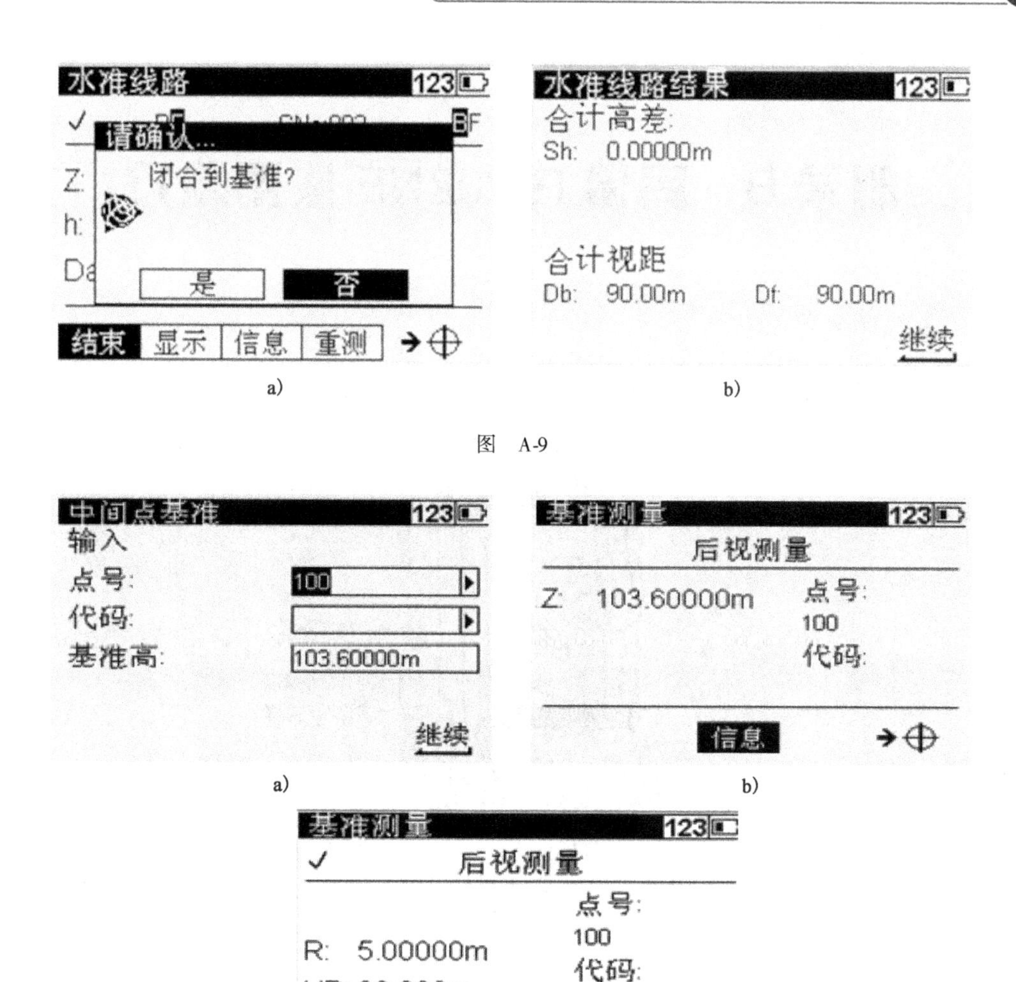

a)

b)

图 A-9

a)

b)

c)

图 A-10

④输入下一点的点号,瞄准要测量的标尺,进行测量,如图 A-11 所示。

图 A-11

⑤“ESC”键退出中间点测量程序。

附录B　宾得 R-202NE 使用简介

一、各部件名称

各部件名称见图 B-1。

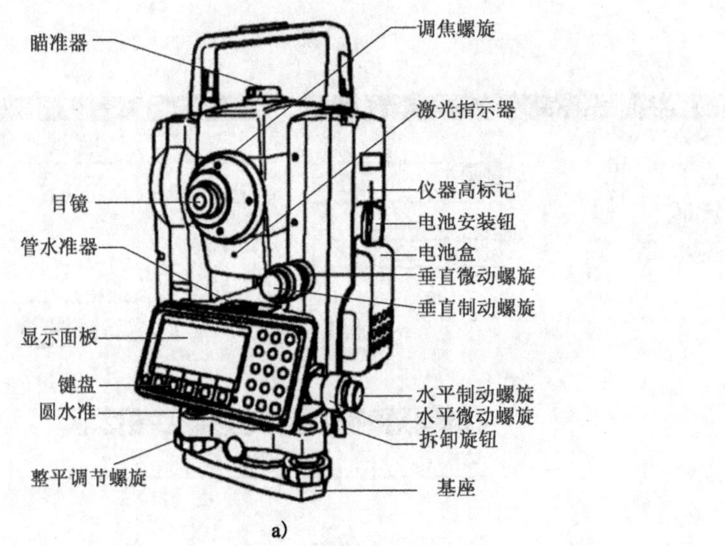

a)

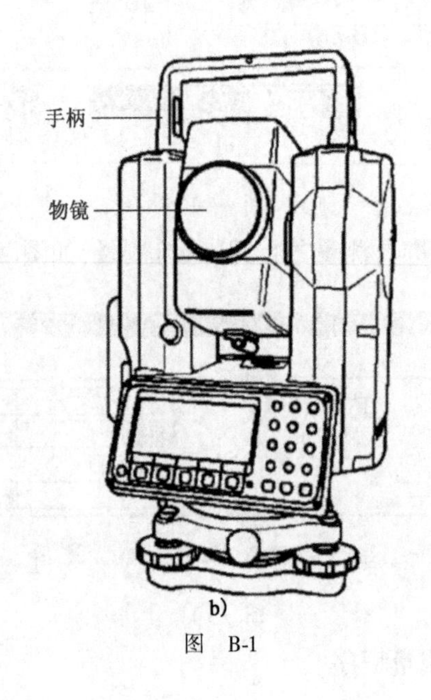

b)

图　B-1

二、电池

1. 取下电池

(1)反时针旋转锁柄至水平,如图 B-2a)所示。

(2)按特定的角度从仪器上取出电池,如图 B-2b)所示。

应保证取下电池时仪器主机的电源处于关闭状态,否则可能导致仪器损坏。

2. 安装电池

(1)沿着电池上的指示箭头将电池放入仪器上的凹槽中。

(2)顺时针旋转锁柄,将电池固定好,如图 B-2c)所示。

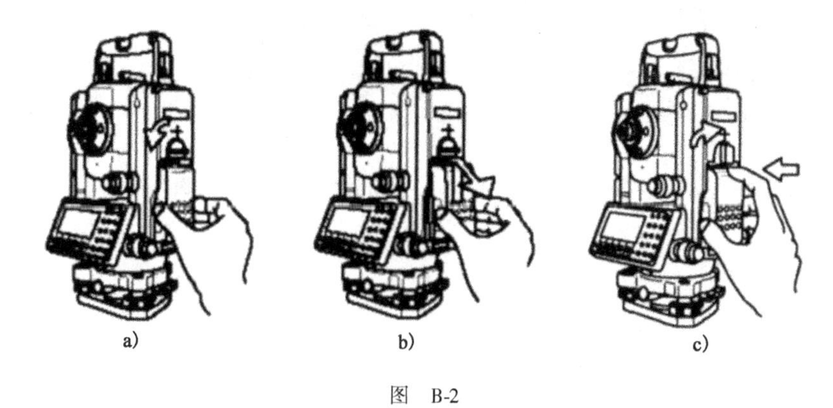

a) b) c)

图 B-2

3. 电池电量

当仪器电源打开时,在显示屏的右侧会显示电池标志“ ”。这个标志用于检查电池的剩余电量。

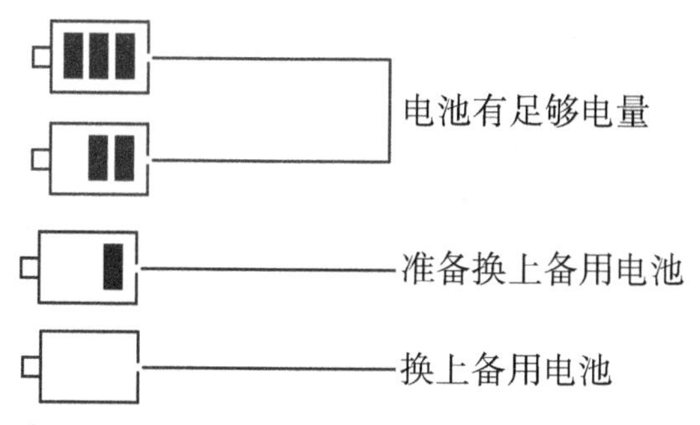

当电池电量低时,换上备用电池或充电。

4. 充电

(1)当电池装入充电器时,电源灯亮同时自动开始充电。

(2)直到充电完成时才可以取下电池。

(3)充电完成时,充电指示灯熄灭。

(4)当充电完成后从充电器上取下电池。

三、显示屏和键盘

1. 显示屏和键盘

R-200 系列的基本显示屏和键盘如图 B-3 所示。

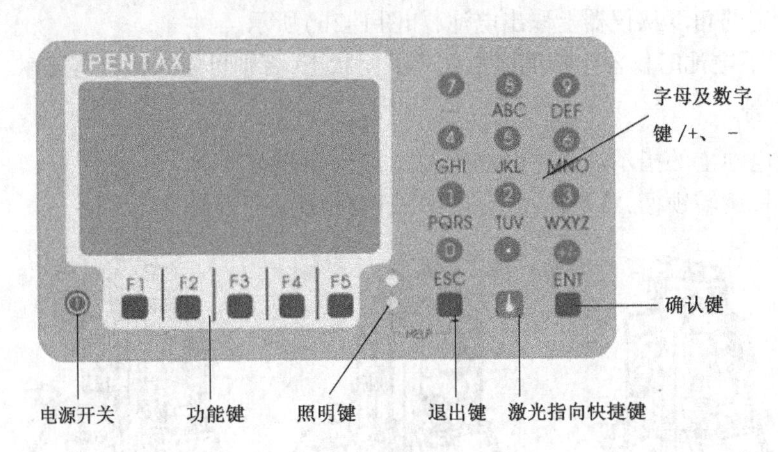

图 B-3

2. 操作键

操作键描述见表 B-1。

操 作 键 描 述 表 B-1

键	描 述
[电源]	电源开关键
[退出]	后退到上一屏或取消某步操作
[照明]	液晶屏幕照明及望远镜十字丝照明开关
[确认]	接受选择值或屏幕显示值
[激光]	激光导向系统快捷启动键
[字符]	在数值屏幕,数值和点的输入与显示,英文字母由对应的每个键输入
[帮助]	在 A、B 任意模式内同时按[照明]和[退出]键,出现帮助菜单显示帮助信息

3. 功能键

功能键描述见表 B-2。

功 能 键 描 述 表 B-2

显 示	功 能 键	描 述
模式 A		
[测量]	F1	按此键一次可在单回模式下测距,利用初始设置 2 可以选择其他测量模式
[测量]	F1	按此键二次可在连续模式下测距,利用初始设置 2 可以选择其他测量模式
[目标]	F2	按以下顺序选择目标类型:棱镜/免棱镜(免棱镜型仪器);棱镜(棱镜型仪器)

续上表

显　示	功 能 键	描　述
[置零]	F3	按此键两次水平角置零
[显示改变]	F4	按顺序切换显示内容:“水平角/平距/高差”;“水平角/垂直角/斜距”;“水平角/垂直角/平距/斜距/高差”
[模式]	F5	在模式 A 和模式 B 之间转换
模式 B		
[功能]	F1	PowerTopoLite 软件特殊功能
[角度设定]	F2	调出角度设定屏幕设置测角参数(角度、坡度百分比、水平角输入、左/右角度转换)
[角度锁定]	F3	按两次该键锁定当前显示水平角
[气象修正]	F4	调出改变棱镜常数、温度、气压、ppm 设置的屏幕
[模式]	F5	在模式 A 和模式 B 之间转换
其他功能		
[⇦]	F1	光标左移
[⇨]	F2	光标右移
[▲]	F1	屏幕向上移 5 项
[▼]	F2	屏幕向下移 5 项
[⇧]	F3	光标上移
[⇩]	F4	光标下移
[十字丝]	F3	按下照明键,改变十字丝照明
[液晶显示]	F4	按下照明键,改变 LCD 的对比度
[照明]	F5	按下照明键,改变液晶屏幕的照明亮度
[清除]	F5	清除数值
[选择]	F5	打开选择窗口

四、角度测量

(1)开机→整平仪器(气泡,对中的调整)→按 ESC(进入模式 A)。

(2)瞄准第一个目标,可以置零或设定任意水平角。

以置零为例。连续按[F3][置零]键 2 次,将水平角设定为零,如图 B-4 所示。

模式A　27℃　N 0

水平角　0° 00′ 00″

平距

高差

测距 | 目标 | 置零 | 显示改变 | 模式

图　B-4

注:[置零]键不能将垂直角设定为零。

(3)瞄准第二个目标,直接读出水平角。

(4)按[F4][显示改变]键显示垂直角,如图 B-5 所示。

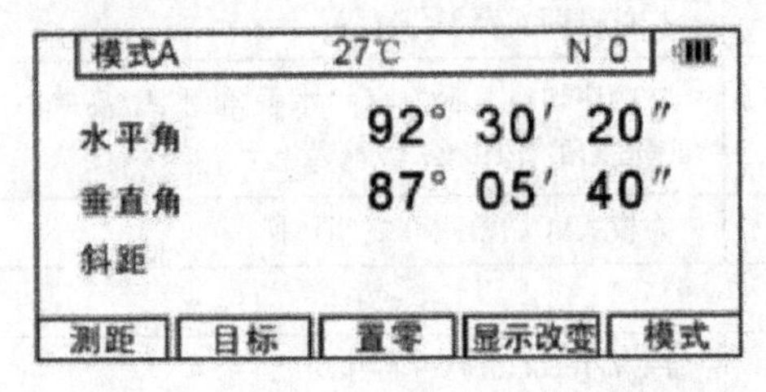

图 B-5

按[显示改变]键循环显示以下内容:"水平角/平距/高差""水平角/垂直角/斜距"和"水平角/垂直角/平距/斜距/高差"。

(5)设定任意水平角,如输入 123°45′20″。

①按[F5][模式]键进入模式 B,如图 B-6 所示。

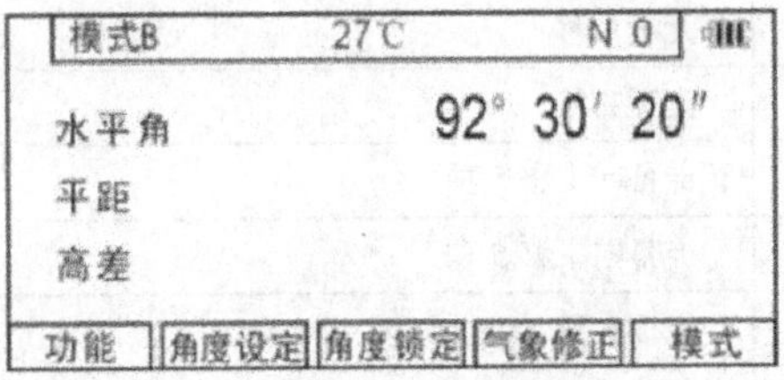

图 B-6

②按[F2][角度设定]键进入角度设定窗口,如图 B-7a)所示。

③按[F4][⇩]移动光标到"2. 水平角输入",如图 B-7b)所示。

④[F5][清除]键用于清除显示的数值。再按[清除]键可以调回以前的数据,如图 B-7c)所示。

⑤按数值键输入 123.4520,将角度设为 123°45′20″,如图 B-7d)所示。

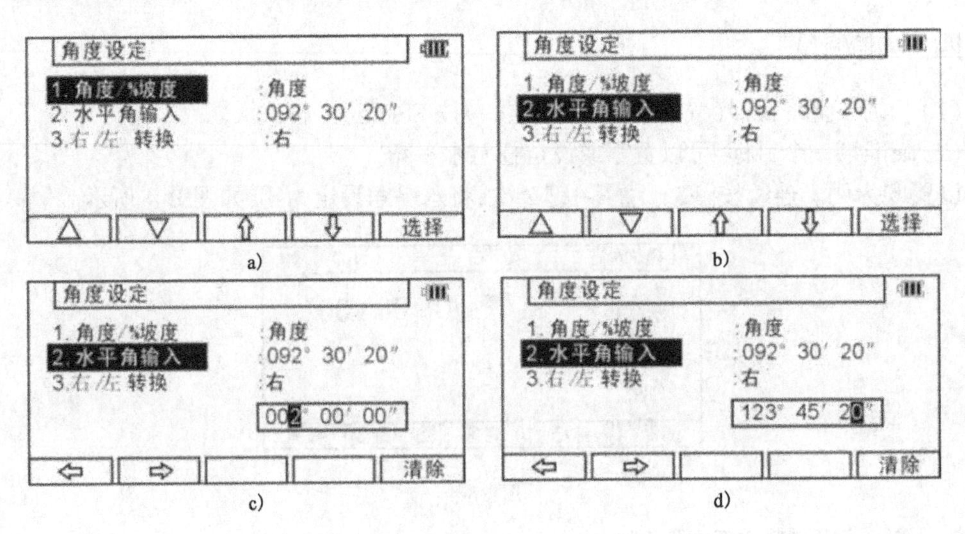

图 B-7

⑥按确认键[ENT]确认将水平角设定为123°45′20″,转入模式A的显示窗口如图B-8所示。

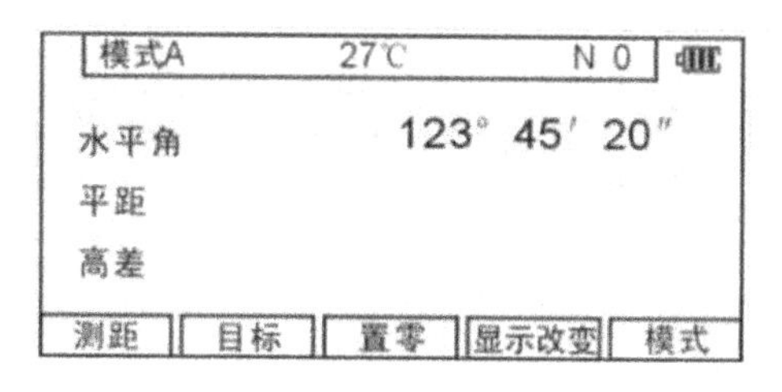

图 B-8

(6)水平角锁定。当处于模式A时欲保持目前显示的水平角。

①按[F5][模式]键转换到模式B,如图B-6所示。

②按[F3][角度锁定]键2次保持水平角。

注:[F3][角度锁定]键不能保持垂直角及距离。

要释放保持的水平角时,只要按一次[F3][角度锁定]键。

五、距离测量

(1)开机→整平仪器(气泡,对中的调整)→按ESC(进入模式A)。

(2)瞄准目标,按[F1][测距]测量两点的距离(按一次为普通的单次测量,快速按两次为连续测量)。

(3)按[F2][目标]键更改目标类型(两种模式可选,棱镜P-30,免棱镜N0)。

六、坐标测量

(1)开机→整平仪器(气泡,对中的调整)→按ESC(进入模式A)→F5模式(进入B模式),如图B-6所示。

(2)按[F1][功能]键进入PowerTopoLite的功能屏幕,如图B-9所示。

(3)按[F2][测量]键,进入"测量方法选择"界面,如图B-10所示。

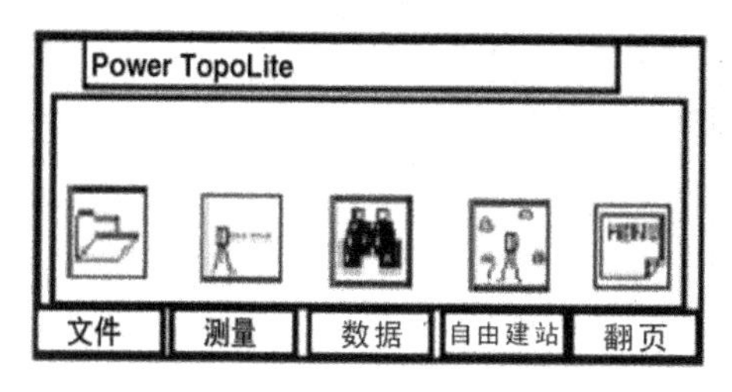

图 B-9

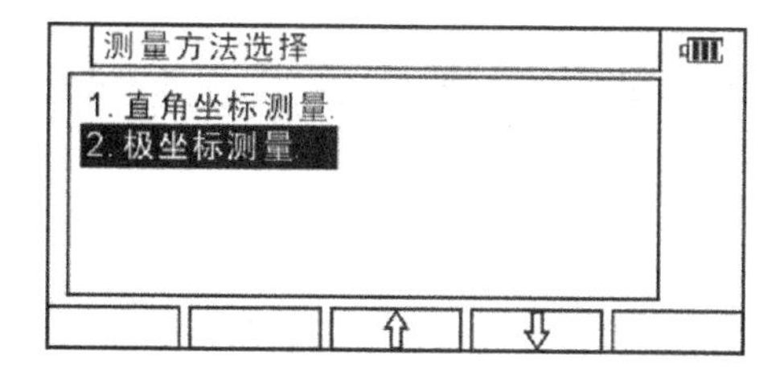

图 B-10

(4)选择"1.直角坐标数据",并按ENT键进入"建站"界面,进行仪器点设定,如图B-11所示。

①直接输入。"建站"界面包含点名(或点号),X、Y、Z坐标(其中Z为高程,可不输入),仪器高,代码(可不输入)等信息。输入所有数据并正确进入。

②引入数据。按[F2][列表]显示"从列表中选点"界面,如图B-12所示。可以显示、删

除和搜索所有存储点,如图 B-13 所示,在“从列表中选点”界面下按[F1][删除]显示“删除点”屏,或按[F2][搜寻点号]显示 PN 输入界面,或按[ENT]键从显示屏中选择被选点。按[ENT]键接受选择的点,并进入“建站”界面。

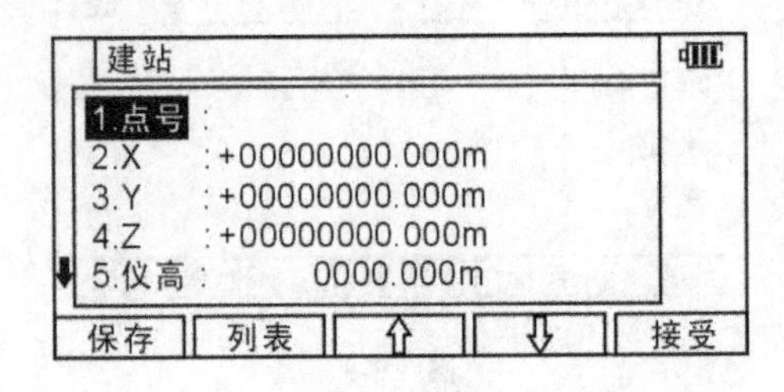

图 B-11

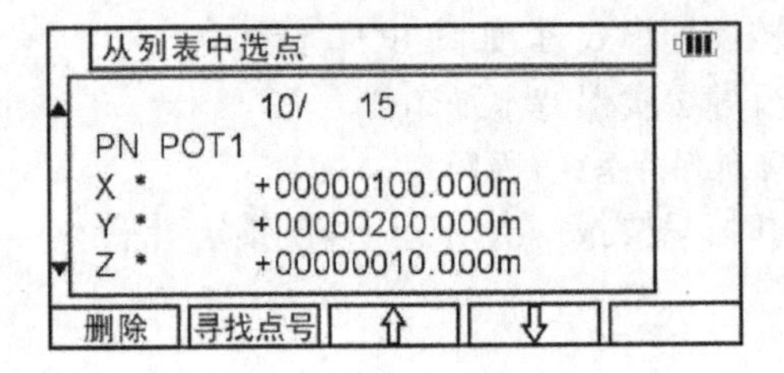

图 B-12

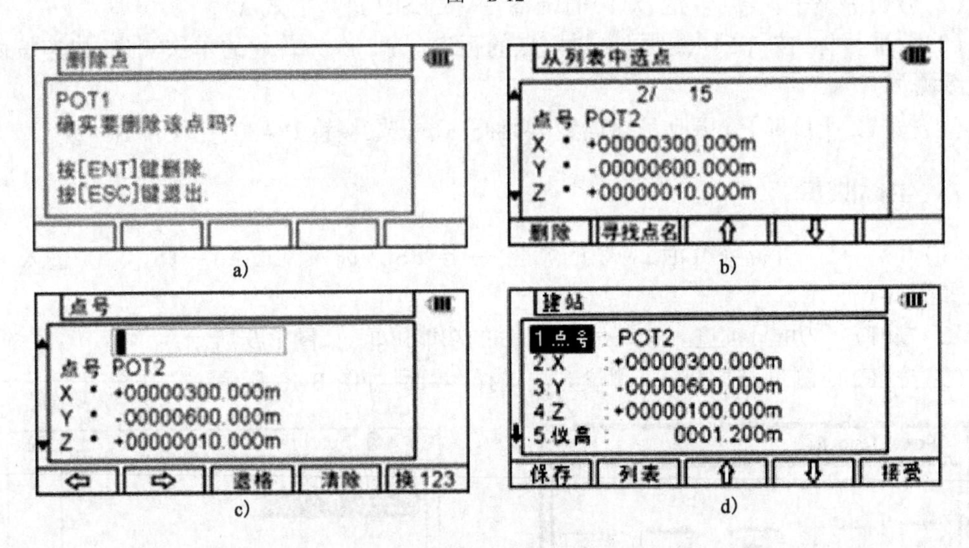

图 B-13

(5)按 F5 接受,显示“测站点后视水平角”界面,如图 B-14 所示。

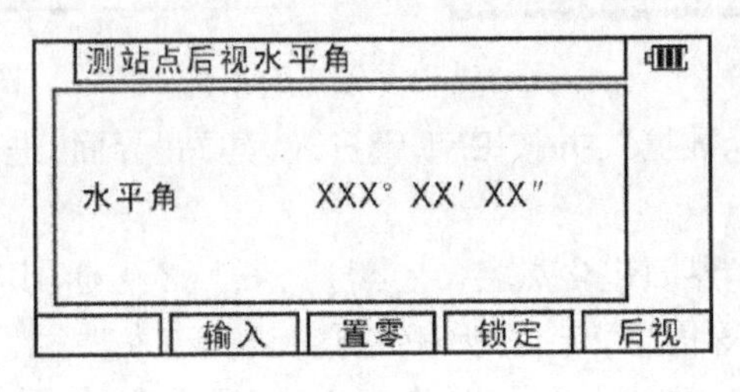

图 B-14

(6)按[F2][输入],[F3][置零]及[F4][锁定]来输入后视水平角,或按[F5][后视]输入后视点坐标,如图 B-15 所示。

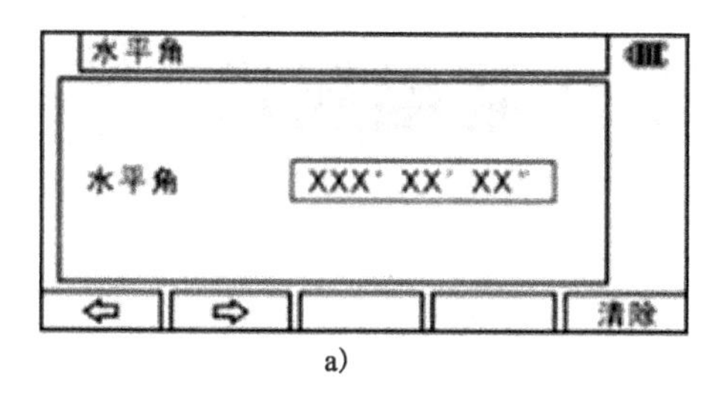

a)

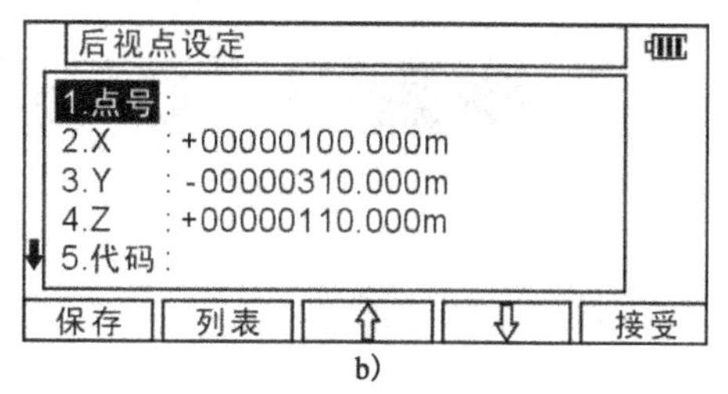

b)

图 B-15

在输入水平角后按[ENT]或输入后视点坐标,按[F5][接受]后则显示"照准参考点"屏幕,如图 B-16 所示。

(7)瞄准后视点,按 F5 确定或[ENT]键进入坐标测量界面,如图 B-17 所示。

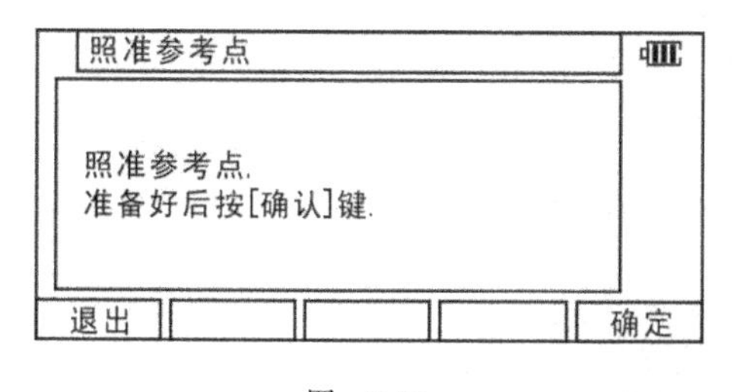

图 B-16

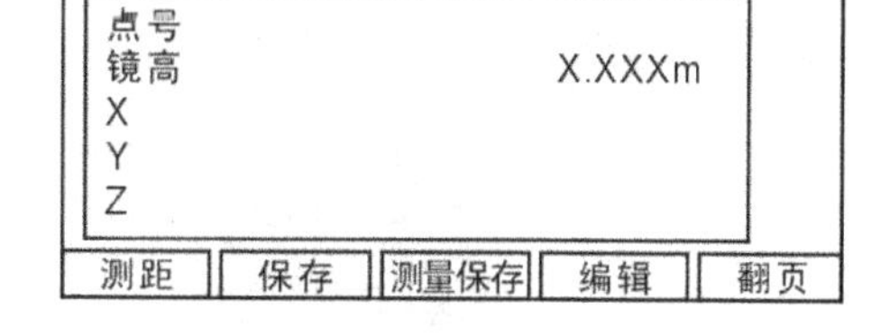

图 B-17

在"测量"界面,[F1][测距]键:测量功能;[F2][存储]键:存储坐标数据;[F3][测量保存]键:直接测量数据并存在仪器里;[F4][编辑]键:可以更改点名(号),棱镜高 PH,代码 PC 等。

(8)照准目标点按[F1][测距],测量距离并显示坐标数据。测距结束后:

①按[F5][翻页]两次,显示[F3][角度距离],如图 B-18a)所示。

②按[F3][角度距离]显示角度和距离,如图 B-18b)所示。

③按[F3][坐标]返回坐标数据显示界面。

测量 27℃ N 0
点号 255
镜高 X.XXXm
X +X.XXXm
Y +X.XXXm
Z +X.XXXm
测距部 目标 角度距离 放样 翻页

a)

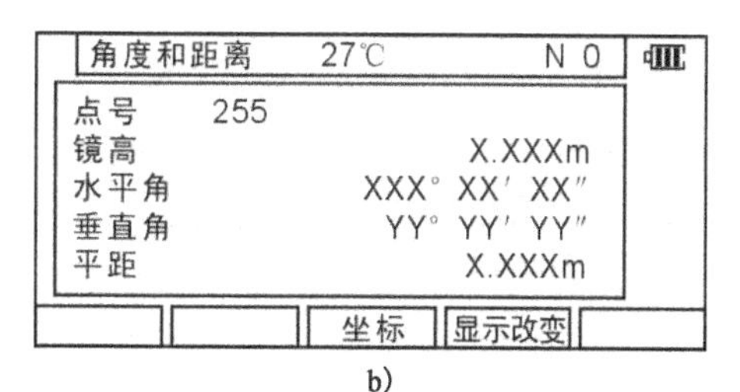

b)

图 B-18

附录 C　CASS 9.0 使用简介

一、CASS 9.0 安装

1. AutoCAD 的安装

CASS 9.0 适用于 AutoCAD 2002/2004/2005/2006/2007/2008/2010，具体各版本 AutoCAD 的安装请参考其官方说明书。下面以 AutoCAD2010 为例，说明 AutoCAD 的安装。AutoCAD2010 是美国 AutoDesk 公司的产品，用户需找相应代理商自行购买。AutoCAD2010 的主要安装过程请参考其产品安装说明。

（1）AutoCAD2010 软件光盘放入光驱后执行安装程序，AutoCAD 将出现图 C-1 所示信息。选择“安装产品”和说明语言。

图　C-1

（2）点击“安装产品”，就会出现图 C-2 所示界面，选择“下一步”。

（3）在接受许可协议界面，选择“我接受”，点击“下一步”。

（4）输入产品和用户信息，在图 C-3 中录入产品序列号和密钥。点击“下一步”。

（5）配置安装目录，在图 C-4 中配置安装路径，点击“安装”。

（6）稍等几分钟，会出现安装完成界面。点击“完成”，按提示操作重启电脑，再启动 AutoCAD2010 程序。

2. CASS 9.0 的安装

CASS 9.0 的安装应该在安装完 AutoCAD 9.0 并运行一次后再进行。

（1）打开 CASS 9.0 文件夹，找到 setup. exe 文件并双击它，屏幕上将出现图 C-5 所示的“欢迎”界面，选择“同意”后点击“下一步”。

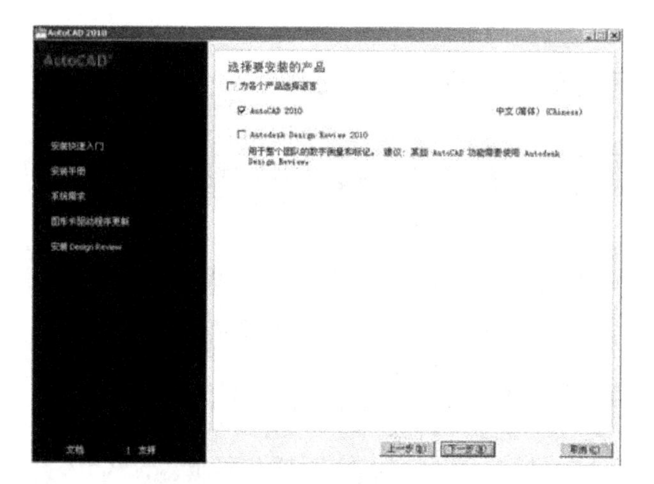
AutoCAD 2010
选择要安装的产品
为各个产品选择语言
AutoCAD 2010
中文(简体) (Chinese)
Autodesk Design Review 2010
安装快速入门
安装手册
系统要求
图形卡驱动程序更新
安装 Design Review
文档
支持
上一步(B)
下一步(N)
取消(C)

图　C-2

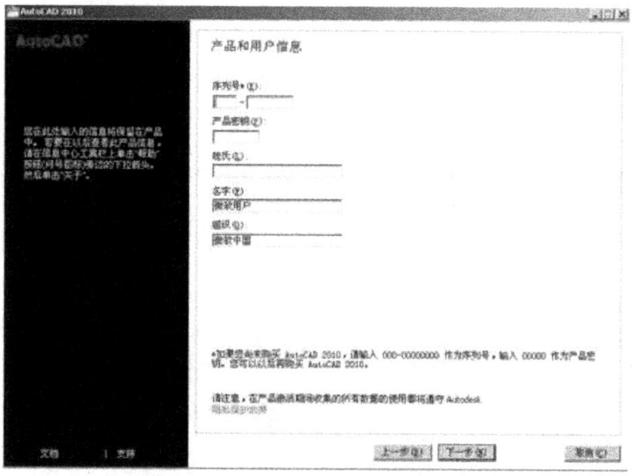

AutoCAD 2010
产品和用户信息
序列号*(S):
产品密钥(P):
姓氏(L):
名字(F):
微软用户
组织(O):
微软中国
*如果您尚未购买 AutoCAD 2010，请输入 000-00000000 作为序列号，输入 00000 作为产品密钥。您可以以后再购买 AutoCAD 2010。
请注意，在产品激活期间收集的所有数据的使用都将遵守 Autodesk
隐私保护政策
文档
支持
上一步(B)
下一步(N)
取消(C)

图　C-3

AutoCAD 2010
查看 - 配置 - 安装
将安装以下内容:
DirectX 9.0 Runtime
AutoCAD 2010
AutoCAD 2010 Language Pack - Simplified Chinese
选择要配置的产品(S):
AutoCAD 2010
配置(O)
当前设置:
姓氏:
名字:
微软用户
组织:
微软中国
AutoCAD 2010 设置
创建桌面快捷方式:
是
许可类型:
单机许可
安装类型:
典型
- Express Tools
是
- 材质库
是
安装位置:
\Program Files\AutoCAD 2010\
复制到剪贴板(C)
文档
支持
上一步(B)
安装(I)
取消(C)

图　C-4

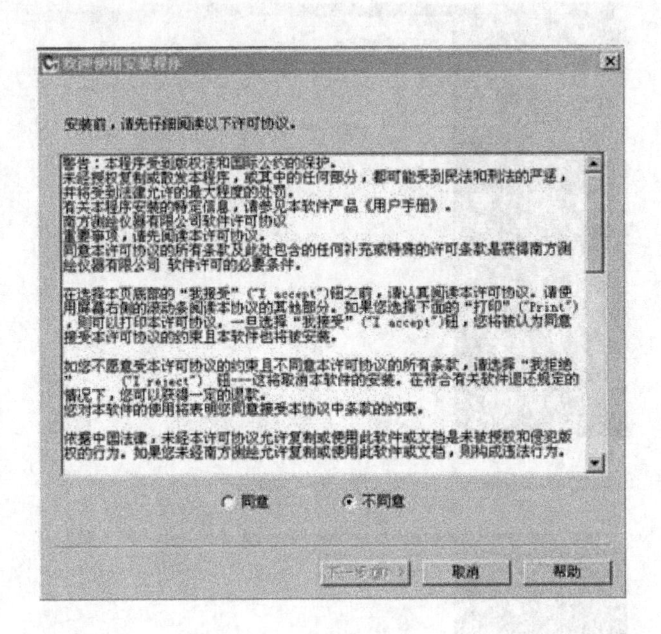

图 C-5

(2)软件自动检测电脑上所装的 CAD 平台,并提示选择一个 cass9.0 的安装平台。点击“下一步”后,软件会自动安装在指定的 CAD 平台上面,并显示软件安装界面,如图 C-6 所示。

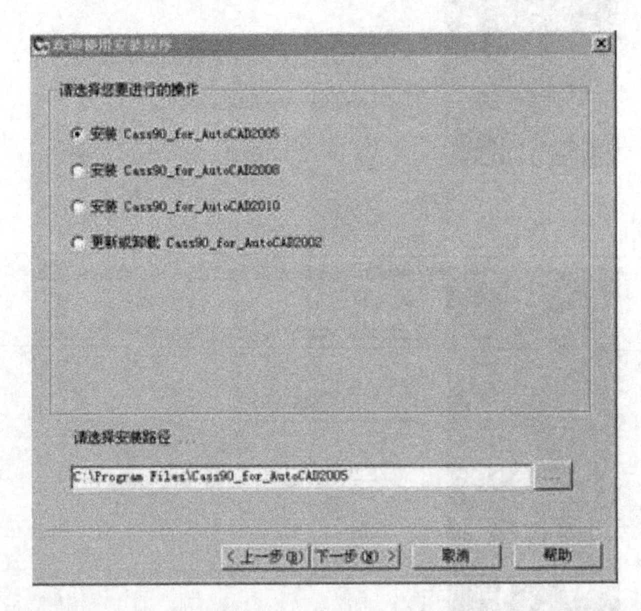

图 C-6

(3)点击“安装完成”后,会出现如图 C-7 所示软件锁驱动程序安装界面,这时必须确保已经插上软件锁。点击图 C-8 中的“完成”按钮结束 CASS 9.0 的安装。

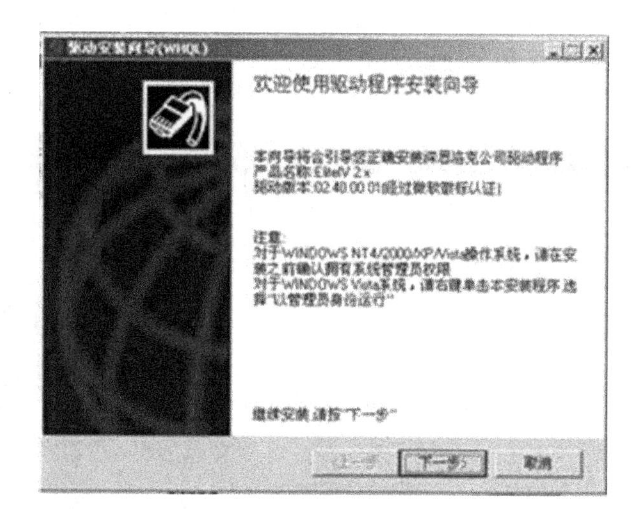

图 C-7

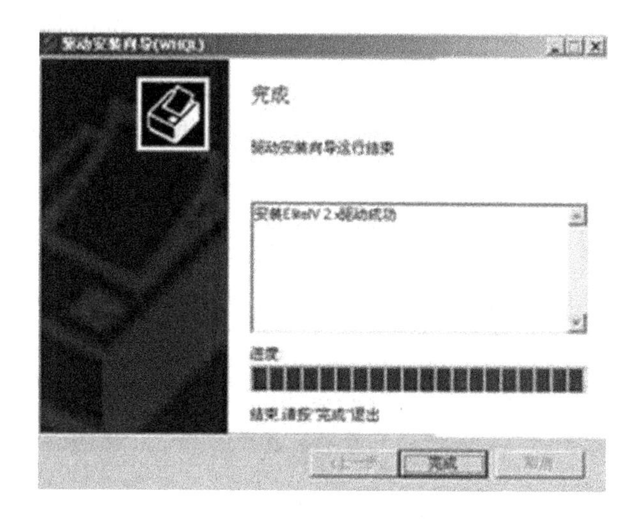

图 C-8

二、内业成图

CASS 9.0 的操作界面主要分为:顶部菜单面板、右侧屏幕菜单和工具条、属性面板,如图 C-9 所示。每个菜单项均以对话框或命令行提示的方式与用户交互应答,操作灵活方便。

CASS 9.0 提供了"草图法""简码法""电子平板法"等多种成图作业方式,并可实时地将地物定位点和邻近地物(形)点显示在当前图形编辑窗口中,操作十分方便。接下来分别介绍"草图法"和"简码法"的作业流程。

1. 草图法

"草图法"工作方式要求外业工作时,除了测量员和跑尺员外,还要安排一名绘草图的人员,在跑尺员跑尺时,绘图员要标注出所测的是什么地物(属性信息)及记下所测点的点号

(位置信息),在测量过程中要和测量员及时联系,使草图上标注的某点点号和全站仪里记录的点号一致,而在测量每一个碎部点时不用在电子手簿或全站仪里输入地物编码,故又称为“无码方式”。

图 C-9

“草图法”在内业工作时,根据作业方式的不同,分为“点号定位”“坐标定位”“编码引导”几种方法。

(1)“点号定位”法作业流程

①定显示区。

定显示区的作用是根据输入坐标数据文件的数据大小定义屏幕显示区域的大小,以保证所有的点可见。

首先移动鼠标至“绘图处理”菜单,按左键,即出现如图 C-10 所示下拉菜单。

图 C-10

然后选择“定显示区”项,即出现如图 C-11 所示对话窗。这时,需输入碎部点坐标数据

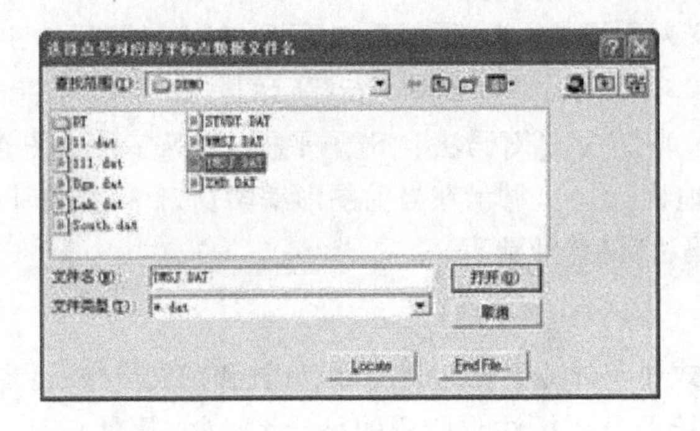

图 C-11

文件名，可直接通过键盘输入；也可参考 WINDOWS 选择打开文件的操作方法操作。这时，命令区显示所选碎部点坐标数据文件内的坐标范围，分别显示最大坐标和最小坐标。

②选择测点点号定位成图法。

移动鼠标至屏幕右侧菜单区之“坐标定位/点号定位”项，按左键，即出现图 C-11 所示的对话框。

输入点号坐标点数据文件名后，命令区提示：*读点完成！共读入 n 个点*。

③绘平面图。

根据野外作业时绘制的草图，移动鼠标至屏幕右侧菜单区选择相应的地形图图式符号，然后在屏幕中将所有的地物绘制出来。系统中所有地形图图式符号都是按照图层来划分的，例如所有表示测量控制点的符号都放在“控制点”这一层，所有表示独立地物的符号都放在“独立地物”这一层，所有表示植被的符号都放在“植被土质”这一层。

a. 为了更加直观地在图形编辑区内看到各测点之间的关系，可以先将野外测点点号在屏幕中展出来。其操作方法是：先选择屏幕的顶部菜单“绘图处理”项按左键，这时系统弹出一个下拉菜单，再选择“展野外测点点号”项，在出现对话框中输入对应的坐标数据文件名后，便可在屏幕展出野外测点的点号。

b. 根据外业草图，选择相应的地图图式符号在屏幕上将平面图绘出来。

如草图中的 33-34-35 号点按一定的顺序（顺时针或逆时针）连成一间普通房屋。移动鼠标至右侧菜单“居民地/一般房屋”处按左键，系统便弹出如图 C-12 所示的对话框。再移动鼠标到“四点房屋”的图标处按左键，图标变亮表示该图标已被选中，然后移鼠标至 OK 处按左键。这时命令区提示：

绘图比例尺 1:

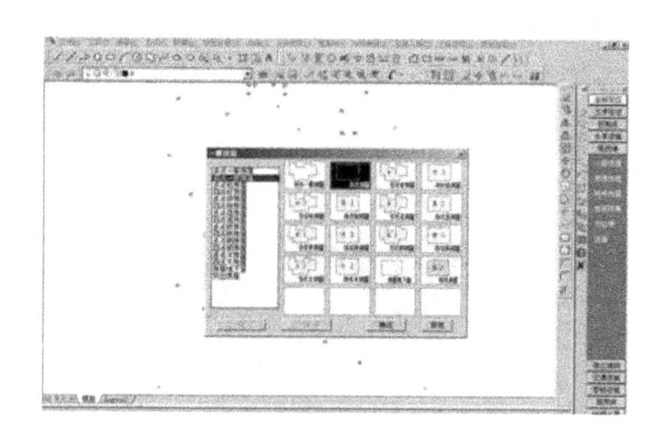

图 C-12

输入 1000，回车。

1. 已知三点 /2. 已知两点及宽度 /3. 已知四点 <1>：输入 1，回车（或直接回车默认选 1）。

已知三点是指测矩形房子时测了三个点；已知两点及宽度则是指测矩形房子时测了两个点及房子的一条边；已知四点则是测了房子的四个角点。

*点 P /<点号>*输入 33，回车。

点 P 是指根据实际情况在屏幕上指定一个点；点号是指绘地物符号定位点的点号（与草图的点号对应），此处使用点号。

*点 P ／<点号>*输入 34,回车。

*点 P ／<点号>*输入 35,回车。

这样,即将 33、34、35 号点连成一间普通房屋。

注意:绘房子时,输入的点号必须按顺时针或逆时针的顺序输入,如上例的点号按 34、33、35 或 35、33、34 的顺序输入,否则绘出来房子就不对。如果需要在点号定位的过程中临时切换到坐标定位,可以按“P”键,这时进入坐标定位状态,想回到点号定位状态时再次按“P”键即可。

这样,重复上述的操作便可以将所有测点用地图图式符号绘制出来。在操作的过程中,可以嵌用 CAD 的透明命令,如放大显示、移动图纸、删除、文字注记等。在绘制的过程中要注意命令窗口的选项,根据实际情况进行选择。

(2)“坐标定位”法作业流程

①定显示区。

此步操作与“点号定位”法作业流程的“定显示区”的操作相同。

②选择坐标定位成图法。

用鼠标单击屏幕右侧菜单区的“坐标定位”项,即进入坐标定位成图法。

③绘平面图。

与“点号定位”法成图流程类似,需先在屏幕上展点,根据外业草图,选择相应的地图图式符号在屏幕上将平面图绘出来,区别在于不能通过测点点号来进行定位。仍以居民地为例(33、34、35 号点组成的普通房屋):单击右侧屏幕菜单“居民地”,出现如图 C-12 所示的对话框。再移动鼠标到“四点房屋”的图标处按左键,图标变亮表示该图标已被选中,然后移鼠标至 OK 处按左键。这时命令区提示:

1. 已知三点 /2. 已知两点及宽度 /3. 已知四点 <1>:输入 1,回车(或直接回车默认选 1)。

输入点:选择“捕捉方式”项,在如图 C-13 所示的对话框中单击“NOD”(节点)图标,图标变亮表示该图标已被选中,然后移鼠标至 OK 处按左键。这时鼠标靠近 33 号点,出现黄色标记,点击鼠标左键,完成捕捉工作。

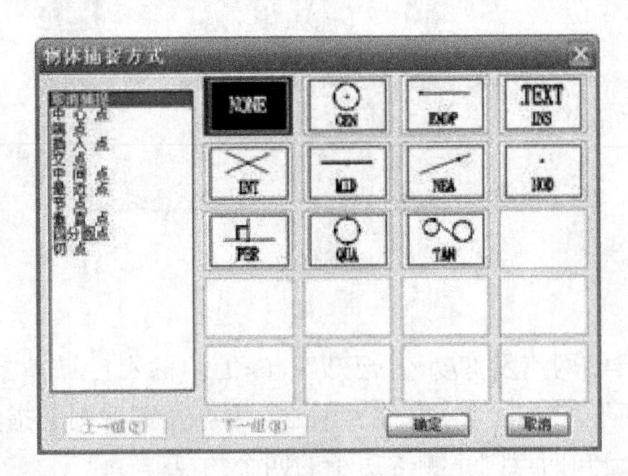

图 C-13

输入点:同上操作捕捉 34 号点。

输入点:同上操作捕捉 35 号点。

这样，即将33、34、35号点连成一间普通房屋。

注意：在输入点时，嵌套使用了捕捉功能，选择不同的捕捉方式会出现不同形式的黄色光标，适用于不同的情况。命令区要求"输入点"时，也可以用鼠标左键在屏幕上直接点击，为了精确定位也可输入实地坐标。

(3)"编码引导"法作业流程

此方式也称为"编码引导文件＋无码坐标数据文件自动绘图方式"。

①编辑引导文件。

a. 移动鼠标至绘图屏幕的顶部菜单，选择"编辑"的"编辑文本文件"项，该处以高亮度(深蓝)显示，按左键，屏幕命令区出现如图C-14所示编辑文本对话框。

图 C-14

以C:\CASS 9.0\DEMO\WMSJ.YD为例。

屏幕上将弹出记事本，这时根据野外作业草图，参考地物代码以及文件格式，编辑好此文件。

b. 移动鼠标至"文件(F)"项，按左键便出现文件类操作的下拉菜单，然后移动鼠标至"退出(X)"项，每一行表示一个地物；每一行的第一项为地物的"地物代码"，以后各数据为构成该地物的各测点的点号(依连接顺序的排列)；同行的数据之间用逗号分隔；表示地物代码的字母要大写；用户可根据自己的需要定制野外操作简码，通过更新C:\CASS 9.0\SYSTEM\JCODE.DEF文件即可实现。

②定显示区。

此步操作与"点号定位"法作业流程的"定显示区"的操作相同。

③编码引导。

编码引导的作用是将"引导文件"与"无码的坐标数据文件"合并生成一个新的带简编码格式的坐标数据文件。这个新的带简编码格式的坐标数据文件在"简码法"工作方式的"简码识别"操作时将会用到。

a. 移动鼠标至绘图屏幕的最上方，选择"绘图处理"下的"编码引导"菜单，该处以高亮度(深蓝)显示，按下鼠标左键，即出现如图C-15所示对话窗。输入编码引导文件名C:\CASS 9.0\DEMO\WMSJ.YD，或通过WINDOWS窗口操作找到此文件，然后用鼠标左键选择"确定"按钮。

b. 接着，屏幕出现图C-16所示对话窗。要求输入坐标数据文件名，此时输入C:\CASS 9.0\DEMO\WMSJ.DAT。

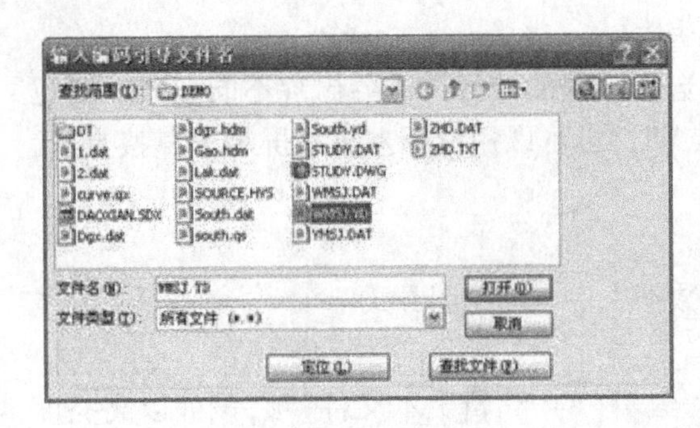

图　C-15

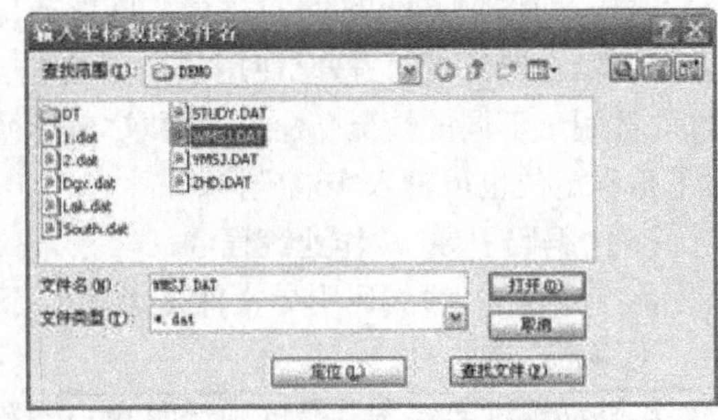

图　C-16

c. 这时,屏幕按照这两个文件自动生成图形。

2. 简码法

此工作方式也称作“带简编码格式的坐标数据文件自动绘图方式”,与“草图法”在野外测量时不同的是,每测一个地物点时都要在电子手簿或全站仪上输入地物点的简编码,简编码一般由一位字母和一或两位数字组成。用户可根据自己的需要通过 JCODE. DEF 文件定制野外操作简码。

(1)定显示区

此步操作与“草图法”中“测点点号”定位绘图方式作业流程的“定显示区”操作相同。

(2)简码识别

简码识别的作用是将带简编码格式的坐标数据文件转换成计算机能识别的程序内部码(又称绘图码)。

移动鼠标至“绘图处理”下的“简码识别”菜单,该处以高亮度(深蓝)显示,按左键,即出现如图 C-17 所示对话窗。输入带简编码格式的坐标数据文件名。当提示区显示“*简码识别完毕!*”同时在屏幕绘出平面图形。

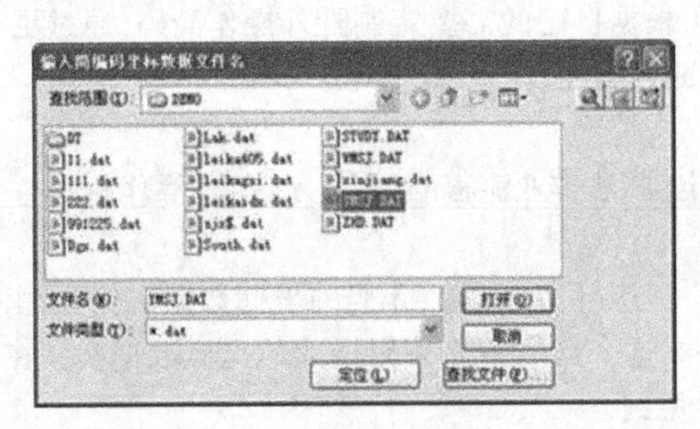

图　C-17

上面介绍了“草图法”“简码法”的工作方法。其中“草图法”包括点号定位法、坐标定位法、编码引导法;编码引导法的外业工作也需要绘制草图,但内业通过编辑编码引导文件,将编码引导文件与无码坐标数据文件合并生成带简码的坐标数据文件,其后的操作等效于“简码法”,“简码识别”时就可自动绘图。

通过以上方法,完成平面图的绘制后,根据需要还可以在平面图的基础上进行绘制等高线，以及编辑平面图（如文字注记、图幅整饰等）的工作。

三、等高线绘制

在地形图中，等高线是表示地貌起伏的一种重要手段。在绘等高线之前，必须先展高程点，然后利用野外测的高程点建立数字地面模型，最后在数字地面模型上生成等高线。在这之前的“定显示区”的操作与前面的相同。

1. 展高程点

展点时选择“绘图处理”“展高程点”菜单选项，如图C-18所示。在弹出的对话框中按照要求输入或选择高程点文件名，以“C:\CASS 9.0\DEMO\DGX.DAT”为例。打开DGX.DAT文件后命令区提示：

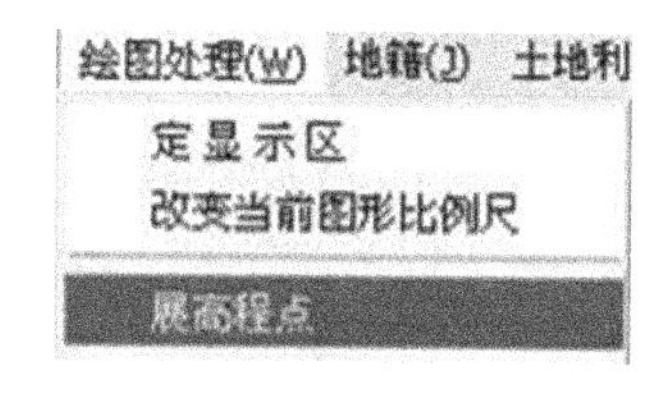

图 C-18

注记高程点的距离（米）：

根据规范要求输入高程点注记距离（即注记高程点的密度），回车默认为注记全部高程点的高程。这时，所有高程点和控制点的高程均自动展绘到图上。

2. 建立数字地面模型（构建三角网）

选择“等高线”“建立DTM”菜单项，出现如图C-19所示对话窗。

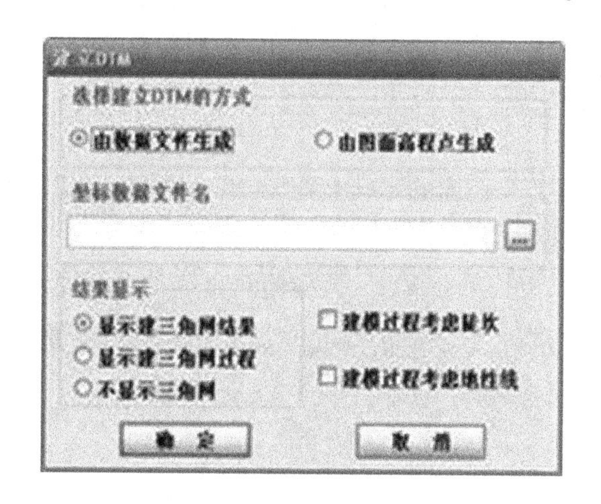

图 C-19

首先选择建立DTM的方式，分为两种方式：由数据文件生成和由图面高程点生成，如果选择由数据文件生成，则在坐标数据文件名中选择坐标数据文件；如果选择由图面高程点生成，则在绘图区选择参加建立DTM的高程点。然后选择结果显示，分为三种：显示建三角网结果、显示建三角网过程和不显示三角网。最后选择在建立DTM的过程中是否考虑陡坎和地性线。

点击确定后生成如图C-20所示的三角网。

3. 修改数字地面模型（修改三角网）

一般情况下，由于地形条件的限制在外业采集的碎部点很难一次性生成理想的等高线，如楼顶上控制点。另外还因现实地貌的多样性和复杂性,自动构成的数字地面模型与实际地貌不太一致,这时可以通过修改三角网来修改这些局部不合理的地方,如删除三角形、过滤三角形、增加三角形、三角形内插点、删三角形顶点等。其操作方法是选择“等高线”下拉菜单的相应选项,根据命令区的提示进行相应的操作。

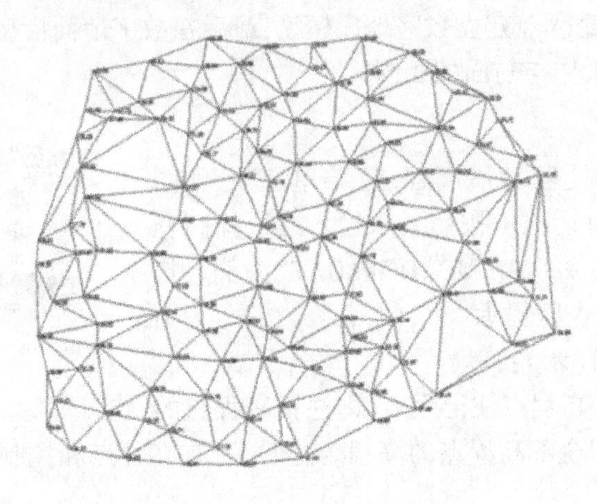

图 C-20

通过以上命令修改了三角网后,选择“等高线”菜单中的“修改结果存盘”项,把修改后的数字地面模型存盘。这样,绘制的等高线不会内插到修改前的三角形内。

注意:修改了三角网后一定要进行此步操作,否则修改无效!当命令区显示“存盘结束!”时,表明操作成功。

4. 绘制等高线

等高线的绘制可以在绘平面图的基础上叠加,也可以在“新建图形”的状态下绘制。如在“新建图形”状态下绘制等高线,系统会提示输入绘图比例尺。

选择“等高线”“绘制等高线”菜单项,弹出如图 C-21 所示对话框。

绘制等值线
最小高程: 24.368 米 最大高程: 43.9 米
☐单条等高线
单条等高线高程
0 米
等高距
1 米
水面高程
0 米
拟合方式
○不拟合(折线)
○张力样条拟合 拟合步长: 2
⊙三次B样条拟合
○SPLINE拟合 样条曲线容差: 0
确 定 取 消

图 C-21

对话框中会显示参加生成 DTM 的高程点的最小高程和最大高程。如果只生成单条等高线,那么就在单条等高线高程中输入此条等高线的高程;如果生成多条等高线,则在等高距框中输入相邻两条等高线之间的等高距。最后选择等高线的拟合方式。总共有四种拟合方式:不拟合(折线)、张力样条拟合、三次 B 样条拟合和 SPLINE 拟合。观察等高线效果时,可输入较大等高距并选择不光滑,以加快速度。如选拟合方法 2,则拟合步距以 2m 为宜,但这时生成的等高线数据量比较大,速度会稍慢。测点较密或等高线较密时,最好选择光滑方法 3,也可选择不光滑,过后再用“批量拟合”功能对等高线进行拟合。选择 4 则用标准 SPLINE 样条曲线来绘制等高线,提示请输入样条曲线容差: <0.0>容差是曲线偏离理论点的允许差值,可直接回车。SPLINE 线的优点在于即使其被断开后仍然是样条曲线,可以进行后续编辑修改,缺点是较选项 3 容易发生线条交叉现象。

当命令区显示“绘制完成!”时,便完成绘制等高线的工作。

5. 等高线的修饰

完成等高线的绘制之后,还可以根据需要再进行等高线的修饰工作,如等高线注记、等高线修剪、切除指定二线间等高线、切除指定区域内等高线等工作,选择“等高线”下拉菜单的相应菜单选项即可完成此项工作。

建立了 DTM 之后,还可以利用“等高线”“绘制三维模型”菜单项生成三维模型,观察立体效果。

四、编辑与整饰

在大比例尺数字测图的过程中,由于实际地形、地物的复杂性,漏测、错测是难以避免的,这时必须要对所测地图进行检查、编辑,在保证精度情况下消除相互矛盾的地形、地物,对于漏测或错测的部分,及时进行外业补测或重测。另外,对于地图上的许多文字注记说明,如道路、河流、街道等也是很重要的。

图形编辑的另一重要用途是对大比例尺数字化地图的更新,可以借助人机交互图形编辑,根据实测坐标和实地变化情况,随时对地图的地形、地物进行增加或删除、修改等,以保证地图具有很好的现势性。

对于图形的编辑,CASS 9.0 提供“编辑”和“地物编辑”两种下拉菜单。其中,“编辑”是由 AutoCAD 提供的编辑功能,如图元编辑、删除、断开、延伸、修剪、移动、旋转、比例缩放、复制、偏移拷贝等;“地物编辑”是由南方 CASS 系统提供的对地物编辑功能,如线型换向、植被填充、土质填充、批量删剪、批量缩放、窗口内的图形存盘、多边形内图形存盘等。下面举例说明。

1. 改变比例尺

将鼠标移至菜单“绘图处理”—“改变当前图形比例尺”项,命令区提示:

当前比例尺为　1:500

输入新比例尺 <1:500>　1:

输入要求转换的比例尺,例如输入 1000。

这时屏幕显示的图就转变为 1:1000 的比例尺,各种地物包括注记、填充符号都已按 1:1000的图示要求进行转变。

2. 线型换向

通过右侧屏幕菜单绘出未加固陡坎、加固斜坡、依比例围墙、栅栏各一个,如图 C-22

所示。

选择“地物编辑”“线型换向”，弹出下拉菜单，命令区提示：请选择实体。将转换为小方框的鼠标光标移至未加固陡坎的母线，点击左键。这样，该条未加固陡坎即转变了坎的方向。以同样的方法选择“线型换向”命令（或在工作区点击鼠标右键重复上一条命令），点击栅栏、加固陡坎的母线，以及依比例围墙的骨架线（显示黑色的线），完成换向功能。结果如图 C-23 所示。

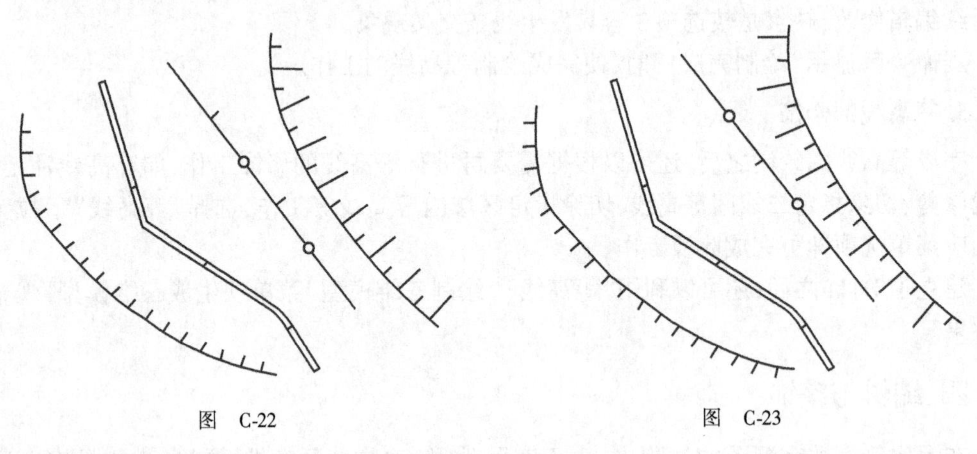

图　C-22　　　　图　C-23

3. 图形分幅

在图形分幅前，应做好分幅的准备工作，了解图形数据文件中的最小坐标和最大坐标。注意：在 CASS 9.0 下侧信息栏显示的数学坐标和测量坐标是相反的，即 CASS 9.0 系统中前面的数为 *Y* 坐标（东方向），后面的数为 *X* 坐标（北方向）。

选择“绘图处理”“批量分幅/建方格网”菜单项，弹出下拉菜单，命令区提示：

*请选择图幅尺寸：(1)50 * 50(2)50 * 40(3)自定义尺寸 <1> 按要求选择。此处直接回车默认选 1。*

输入测区一角：在图形左下角点击左键。

输入测区另一角：在图形右上角点击左键。

这样在所设目录下就产生了各个分幅图，自动以各个分幅图的左下角的东坐标和北坐标结合起来命名，如：“29.50－39.50”“29.50－40.00”等。如果要求输入分幅图目录名时直接回车，则各个分幅图自动保存在安装了 CASS 9.0 的驱动器的根目录下。

选择“绘图处理/批量分幅/批量输出到文件”，在弹出的对话框中确定输出的图幅的存储目录名，然后确定即可批量输出图形到指定的目录。

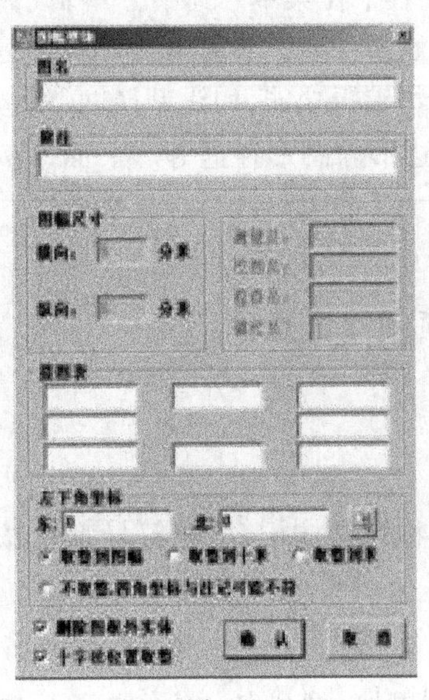

图　C-24

4. 图幅整饰

把图形分幅时所保存的图形打开，选择“绘图处理”中“标准图幅（50cm×50cm）”项，显示如图 C-24 所示的对话框。输入图幅的名字、邻近图名、批注，在左下角坐标的

“东”“北”栏内输入相应坐标，例如此处输入40000、30000，回车。在“删除图框外实体”前打勾则可删除图框外实体，按实际要求选择，例如此处选择打勾。最后用鼠标单击“确定”按钮即可为所打开的图形加入50cm×50cm图廓。

五、CASS 9.0的文件结构

1. 标数据文件

坐标数据文件是CASS最基础的数据文件，扩展名是“DAT”，无论是从电子手簿传输到计算机还是用电子平板在野外直接记录数据，都生成一个坐标数据文件，其格式为：

1点点名，1点编码，1点Y(东)坐标，1点X(北)坐标，1点高程

…

N点点名，N点编码，N点Y(东)坐标，N点X(北)坐标，N点高程

说明：

(1)文件内每一行代表一个点。

(2)每个点Y(东)坐标、X(北)坐标、高程的单位均是“米”。

(3)编码内不能含有逗号，即使编码为空，其后的逗号也不能省略。

(4)所有的逗号不能在全角方式下输入。

2. 编码引导文件

编码引导文件是用户根据“草图”编辑生成的，文件的每一行描绘一个地物，数据格式为（如WMSJ. YD所示）：

$$\text{Code}, N_1, N_2, \cdots, N_n, E$$

其中：Code为该地物的地物代码；N_n为构成该地物的第n点的点号。值得注意的是：$N_1, N_2, \cdots, N_n$的排列顺序应与实际顺序一致。每行描述一地物，行尾的字母E为地物结束标志。最后一行只有一个字母E，为文件结束标志。

引导文件是对无码坐标数据文件的补充，二者结合即可完备地描述地图上的各个地物。

参考文献

[1] 花向红,邹进贵.数字测图实验与实习教程[M].武汉:武汉大学出版社,2009,10

[2] 潘正风,杨正尧,程效军,等.数字测图原理与方法习题和实验[M].武汉:武汉大学出版社,2005.

[3] 潘正风,程效军,成枢,等.数字地形测量学[M],武汉:武汉大学出版社,2015.

[4] 潘正风,程效军,王腾军,等.数字测图原理与方法[M].武汉:武汉大学出版社,2004,8

[5] 中华人民共和国国家标准.GB/T 12897—2006 国家一、二等水准测量规范[S].北京:中国标准出版社,2006.

[6] 中华人民共和国国家标准.GB/T 12898—2009 国家三、四等水准测量规范[S].北京:中国标准出版社,2014.

[7] 中华人民共和国国家标准.GB/T 14912—2017 1:500 1:1000 1:2000 外业数字测图规程[S].北京:中国标准出版社,2005

[8] 中华人民共和国国家标准.GB/T 20257.1—2017 国家基本比例尺地图图式 第1部分:1:500 1:1000 1:2000 地形图图式[S].北京:中国标准出版社,2017.

[9] 中华人民共和国行业标准.CJJ/T 8—2011 城市测量规范[S].北京:中国建筑工业出版社,2012.

[10] 中华人民共和国行业标准.JJG 100—2003 全站型电子速测仪[S].北京:中国质检出版社,2014.

[11] 中华人民共和国行业标准.JJG 703—2003 光电测距仪检定规程[S].北京:中国质检出版社,2014.

[12] 中华人民共和国行业标准.CH/T 1001—2005 测绘技术总结编写规定[S].北京:测绘出版社,2006.

[13] 中华人民共和国行业标准.CH/T 1004—2005 测绘技术设计规定[S].北京:测绘出版社,2006.

[14] 陈丽华.测量学实验与实习[M].杭州:浙江大学出版社,2011.

[15] 杨松林.测量学实验实习教程[M].北京:中国科学技术出版社,2008.

[16] 张鑫,王维新.测量学实验实习指导[M].西安:西北农林科技大学出版社,2008.

[17] 胡伍生.测量实习指导书[M].南京:东南大学出版社,2004.

[18] 杨正尧.数字测图原理与方法实验与习题[M].武汉:武汉大学出版社,2004.